国家自然科学基金（41976043、42072142）资助

中国东部近岸浅海
生态环境变化的脂类记录

ZHONGGUO DONGBU JIN'AN QIANHAI
SHENGTAI HUANJING BIANHUA DE ZHILEI JILU

吕晓霞　刘恩涛　杨　义　编著

中国地质大学出版社
ZHONGGUO DIZHI DAXUE CHUBANSHE

图书在版编目(CIP)数据

中国东部近岸浅海生态环境变化的脂类记录/吕晓霞，刘恩涛，杨义编著.—武汉:中国地质大学出版社,2023.12

ISBN 978-7-5625-5754-8

Ⅰ.①中⋯　Ⅱ.①吕⋯　②刘⋯　③杨⋯　Ⅲ.①浅海-生态环境-脂类-海洋沉积物-研究-中国　Ⅳ.①P736

中国国家版本馆 CIP 数据核字(2023)第 256969 号

中国东部近岸浅海生态环境变化的脂类记录	吕晓霞　刘恩涛　杨　义 **编著**
责任编辑:李焕杰　　　　　　　　选题策划:王凤林	责任校对:沈婷婷

出版发行:中国地质大学出版社(武汉市洪山区鲁磨路 388 号)	邮编:430074
电　　话:(027)67883511　　　传　　真:(027)67883580	E-mail:cbb@cug.edu.cn
经　　销:全国新华书店	http://cugp.cug.edu.cn

开本:787 毫米×1092 毫米　1/16	字数:150 千字	印张:6
版次:2023 年 12 月第 1 版	印次:2023 年 12 月第 1 次印刷	
印刷:武汉精一佳印刷有限公司		

ISBN 978-7-5625-5754-8	定价:68.00 元

如有印装质量问题请与印刷厂联系调换

前　言

本书系国家自然科学基金项目(41976043、42072142)资助成果，是项目研究成果的一部分。本书主要内容：介绍近百年来我国东部近岸浅海沉积物中有机质的组成和分布特征，并在此基础上分析不同脂类的来源及环境指示意义；分析近百年来影响东部近岸海域生态环境变化的主要因素，深入探讨人类活动对沉积有机质组成和分布的影响，以及生态系统对其的反馈；定量计算东部近岸海域沉积有机质的埋藏通量，为近岸海域碳循环提供理论支撑。本书所有的研究结论均建立在大量实验数据的基础上，是实验成果的积累。

本书可供海洋地质学、海洋环境学、海洋生态学、古海洋学等领域的科研、教学人员及本科生和研究生阅读参考。限于作者水平，书中难免存在不当之处，敬请读者批评指正。

最后，非常感谢中国地质调查局青岛海洋地质研究所的印萍研究员提供两个岩芯的样品，使本项研究得以进行。研究生陈静、玉艺鑫、李敬雯和沈晶娟同学在本研究开展、完成和本书成稿过程中付出了大量的时间和精力，作者在此一并表示感谢！

作　者

2023 年 11 月 2 日

目　录

第 1 章 绪 论

当前"双碳"目标已成为我国重大战略布局,如何更合理地实现"碳达峰"和"碳中和"是当前的热门科学问题。"碳中和"的实现既要通过节能减排、优化产业结构来降低排放端碳排放,又要通过生态保护、人为管理来提高吸收端生态系统碳汇。

海洋作为全球占地面积最大的生态系统(覆盖了地球表面约 70%),储碳量达到陆地的近 20 倍、大气的 50 倍,对全球气候具有重要的调节作用。在目前"双碳"目标前提下,促进海洋碳汇发展、开发海洋碳负排放潜力,是实现"双碳"目标的重要路径。而海洋碳循环与海洋生态系统健康稳定发展息息相关,因此,海洋生态系统在实现海洋储碳汇功能上具有重要作用。

近岸海域作为陆地生态系统向海洋生态系统物质输送和能量传递的桥梁,在全球碳循环中具有非常重要的作用。尽管它仅占海洋面积的 8%,却是海洋碳循环最活跃的区域之一,为全球贡献了约 30% 的海洋初级生产力(戴民汉等,2001)。近岸海域是地球表面最重要的有机碳汇,来自陆地的物质大部分沉积于此,储存在该区域的有机质约占全球海洋沉积有机质的 80%(Walsh,1991;张咏华和吴自军,2019),因此,近岸海域是全球碳循环研究的重点区域。

东海作为连接中国大陆和西北太平洋的边缘海,受陆源输入影响强烈,多条河流自陆携带大量物质入海,对东海的生态系统产生重要影响。长江作为贯通中国大陆入海的第一大河,流域长约 $6.3 \times 10^3 \text{km}$,流域面积约 $1.8 \times 10^6 \text{km}^2$(Li et al.,2007)。长江流域的泥沙除了在河口附近沉积发育成长江三角洲,还随海流沿浙闽沿岸南输,汇集了钱塘江、瓯江、闽江等沿岸河流悬浮搬运的物质发育闽浙泥质沉积区(李家彪,2008)。在形成闽浙泥质区的过程中,也形成了东海现代环流体系,主要由长江冲淡水、闽浙沿岸流、台湾暖流与黑潮及其他海流构成,环流体系对东海海底沉积物中外来物质的搬运起着促进作用,同时还为海洋自生生物供给了生存环境与营养物质。因此,河流物质输入对东海近岸生态系统的健康稳定运行具有非常重要的作用。

1.1 环境变化对近海生态系统的影响

东海作为典型的陆架边缘海,其生态系统受到自然环境因素和人类活动的双重影响,目前已有较多学者聚焦于东海陆架海域环境及生态的变化。通常情况下,温度、盐度、pH 等环境因素和营养盐是影响近岸海域生态系统的主要因素。海洋环境参数的变化与水文环境具有密切的联系,而一些自然气候因素如洪水事件、季风环流强度、厄尔尼诺现象等会驱动海水水文因子的变化,间接影响海洋生态系统(施雅风等,2004;Xing et al.,2011a)。例如,叶绿素对气候变化的响应在调节区域海洋生态环境中具有一定的作用,在发生厄尔尼诺和拉尼娜现象期间海水温度改变,导致叶绿素浓度和分布发生变化,影响浮游植物生物量,间接调节了深水鱼类和近海鱼类的渔获量(Kemarau and Valentine,2022)。营养盐除受陆源输入影响外,还受到海水的温度、盐度、pH 等因素的影响,从而进一步影响海洋初级生产力以及生物群落结构(Ryan et al.,2008;Xiao et al.,2018)。东海近岸特别是闽浙沿岸水深 10~40m 处终年存在较强的上升流,带来了丰富的营养盐从而提高生产力(经志友等,2007)。深层水通常富含硅酸盐,随着中深层环流的输送出现在闽浙沿岸部分狭窄的上升流区,有利于硅藻的生长,使硅藻在该海区浮游植物群落结构中占主导地位(Allen et al.,2005;Chen,2009;Duan et al.,2014)。

许多研究表明,近百年来陆架区生态系统受到自然环境因素调控的同时,人类干扰逐渐成为近几十年来生态改变的主要因素(Cao et al.,2017)。He 等(2015)研究发现自 20 世纪 50 年代以来,人类活动随时间推移而增加,在 1978 年前我国沿海生态系统变化较缓慢,而 1978 年后变化较为显著,人类活动加速破坏生态系统导致生态系统加速退化。工农业活动迅速发展以来,人们对化肥的使用量急剧增多,特别是 20 世纪 80 年代后氮肥增加了 106% 的使用量,导致经长江冲淡水输入东海的溶解无机氮(DIN)由 $0.2×10^6$ t/a 增长到 $1.4×10^6$ t/a(Zhou et al.,2008)。郭新宇等(2020)以长江口泥质区的 DH3-1 孔沉积物为研究对象,探究东海近 30 年来浮游植物生产力的变化及影响因素,结果表明人类活动的剧增,以及沿岸上升流输送导致东海营养盐浓度明显增加,研究区域浮游植物群落结构交替变化,生产力呈现上升趋势。杨颖和徐韧(2015)对长江口及邻近海域近 30 年环境污染状况进行了监测调查,发现营养盐含量均呈上升的趋势,其中无机氮浓度均值由 0.1mg/L 增长至 1.25mg/L,活性磷酸盐浓度均值由 0.023mg/L 上升到 0.045mg/L,而 N/P 和 Si/P 总体上均呈下降的趋势,营养盐的变化对海洋浮游植物群落结构的演变具有一定的影响。王江涛和曹婧(2012)分析了 1959—2000 年的长江口海域营养盐数据,结果显示 DIN 的浓度呈现明显增加的变化趋势,从 1959 年约 7μmol/L 增加到 2000 年约 18μmol/L,而 SiO_3-Si 的浓度则呈直线降低,浓度变化范围在 13.6~36μmol/L 之间,溶解态无机营养盐的比例随时间也有明显的变化,2000 年之前 DIN/P 明显增大,之后呈降低的趋势,而 Si/DIN 则总体呈降低的变化趋势。

长江流域营养盐含量及比例的显著变化逐渐导致河口区域水质发生改变,从而影响河口及附近海域水生生态系统,进而导致海洋富营养化、有害藻类的过度繁殖,以及底部出现的季节性缺氧现象(Wang et al.,2021)。东海内陆架是我国近海营养盐超标较为严重的海区之一,海洋环境公报曾多次把该海区的水质质量划分为重度污染或中度污染。浮游植物对无机氮和磷等营养盐浓度较敏感,因此营养盐含量的变化会直接影响浮游生物的生长与繁殖,使该海区有害藻类暴发。因此,有害藻类的暴发是水质变化的特征之一。然而,该海区的赤潮现象在 1980 年以前极少出现,1959—1985 年,东海仅有 9 次有记载的赤潮暴发。20 世纪 80 年代以后暴发赤潮的频率急剧增加、赤潮面积越来越广,与 80 年代后营养盐的大量输入有关,尤其是长江口外及邻近海域以及浙江中南部海域(王江涛和曹婧,2012)。与此同时,近

20 年来的生物数据显示,东海赤潮高发区浮游植物群落结构发生了改变,硅藻赤潮所占比重逐渐减少,甲藻赤潮的比例则在逐渐增加,这可能与海域营养盐成分和含量变化密切相关(王保栋等,2002;Wang et al.,2003)。

1.2 人类活动对近海生态系统的影响

工业革命以来,伴随着化石燃料的燃烧和工业化过程中二氧化碳的排放,温室气体排放量持续上升,温室效应不断累积对全球影响越发明显,气候变暖、海平面上升等将对整个地球生态系统带来重要影响。进入 21 世纪,由于社会发展与环境恶化之间的矛盾日益突出,有关全球变化的探索已经成为全球科学家的研究重点(Song et al.,2018)。

近百年来,随着工农业的发展、沿海地区人口的增加以及城市化的不断扩张,从陆地输送到近岸海域中的营养物质不断增加,给海洋有机质循环和生态环境带来了严重影响(Liu et al.,2019;Wang et al.,2021)。在全球范围内,近岸海域的营养物质输入主要为氮和磷,增加的氮和磷负荷主要来自人类活动(例如农业、生活和工业污水的排放),并且与陆地流域的人口密度相关(Nixon,1995)。据统计,自工业革命以来,近岸海域的营养盐负荷显著增加,河流每年向海洋净输入的溶解硅大约 4.8×10^{12} mol,约占海洋溶解硅输入总量的 80%(孙云明和宋金明,2001),全球范围内氮、磷向海输送量分别增加了 2.5 倍和 2 倍(Meybeck,1998)。在美洲,由于密西西比河氮、磷含量的升高,墨西哥湾水体中溶解态氮、磷浓度不断增加,促进了硅藻水华的发生,增加了海洋自生有机质的贡献。在我国,随着近几十年来经济的高速发展,河流输入的污染物质也成倍增长,对近岸海域的环境造成了巨大的压力。长江流域向东海邻近海域输入的营养盐通量在 1970—2005 年激增,总氮通量从 0.2×10^6 t 上升至 1.1×10^6 t,总磷通量从 1.7×10^4 t 上升至 3.2×10^4 t。在珠江口及其近岸海域,过剩的氮磷营养盐主要来源于珠江(Huang et al.,2003)。另外,随着养殖技术的不断进步,海洋水产养殖业得到快速发展,养殖产生的污染问题也日益突出。在养殖过程中过量的饵料没有被充分消耗利用,导致饵料进入水体或沉降到沉积物中,在微生物的作用下分解出大量的有机物和营养盐,并被输运到近岸海域。日益增长的营养盐通量促进了海洋初级生产力,导致海源有机质含量上升,并被埋藏在沉积物中。

其次,拦河坝、水电站等水利设施的修建导致输入海洋的陆源物质减少,改变了沿海水域的沉积环境以及水体中的营养盐水平与结构(宋金明等,2008;Liu et al.,2019)。在过去 50 年里,世界人口激增和经济迅猛发展造成严重的全球性效应,为满足淡水供应、农业灌溉、防洪和水力发电需求,许多大河流域新建了大量水利设施(Nilsson et al.,2005)。在 1950—1986 年间,全球登记水利设施数量增长 688%,水库的建设导致河流入海泥沙通量的减少(Bianchi and Allison,2009),以及筑坝等水利设施的建设导致颗粒物质和有机质的滞留,使沿海水域的营养盐结构发生改变(Humborg et al.,1997)。据报道,全球 40% 的大型河流的泥沙入海通量发生了显著的变化,由于河流筑坝活动的大幅增加,亚洲大型河流的悬浮泥沙的入海通量呈下降趋势(Li et al.,2020)。截至 2016 年,长江流域共建成水库 61 446 座,其中包括世界上规模最大的水力发电枢纽——三峡大坝(Chai et al.,2009)。流域水利设施造成的沉积物拦截使长江的入海泥沙通量大幅减少。1950—2010 年长江大通水文站记录的水沙资料显示,长江流域径流量年际变化相对稳定,而输沙量出现明显的下降。年均输沙量从1970 年的约 500Mt 下降至 2002 年的约 270Mt,2010 年进一步下降至约 100 Mt(Yang et al.,2011)。水库的拦截与水体停留时间的加长,对向海输送的营养盐结构也产生了影响(Chai et al.,2009),例如溶解态无机硅浓度显著降低(Li et al.,2016),进而改变海洋生物类群。

1.3 典型生物标志物在海洋研究中的应用

生物标志化合物(biomarker)是来自地质体中的生物有机体分子,在漫长的地质演化过程中大部分能稳定存在,它们尽管受到一些地质作用(如成岩、成土作用)的影响,其原始生物生化组分的碳骨架还能基本保留下来(谢树成等,2003)。生物标志物结构相对稳定,具有明显的生物母源可追溯性。生物标志物主要来源于高等动物、陆生植物、水生植物、浮游动物以及细菌、古菌等微生物;或者是这些有机体中的生物先驱物在热力、压力或微生物作用下,经过复杂的化学、物理变化转化而来(Killops and Killops,2013)。因此,生物标志物不但能够提供生物母源信息,且能记录环境与气候变化信息,是海洋科学研究尤其是海洋生态与环境研究中重要的载体(谢树成等,2003;褚宏大,2007;张海龙,2008;Castañeda et al.,2011)。

1.3.1 有机质来源指示

海洋环境中有机质的来源非常复杂,根据有机质起源地的不同可简单划分为陆源有机质和海洋自生有机质。陆源有机质主要是指通过河流或者大气输入水体的高等动、植物碎屑残体或排泄物;海洋自生有机质主要是指海洋环境中生物的代谢物、分解物、残骸和碎屑等。不同来源有机质的化学性质不同,在海洋环境中的地球化学行为也各不相同。因此,辨析海洋环境中有机质的来源对更深入探讨古环境与气候变化具有重要意义。

1. 有机质的 C/N 和碳稳定同位素($\delta^{13}C$)

海洋环境中有机质的 TOC/TN 摩尔比(即总有机碳/总氮,以下简称 C/N)可被应用于指示有机质的不同来源(Goñi et al.,1997)。一般来说,海洋浮游藻类中蛋白质含量较高而纤维素含量较低,因此海洋自生有机质的 C/N 较低,通常为 4～9。陆生维管植物的蛋白质含量较低而纤维素含量较高,有机质 C/N 较高,通常大于 12 或更高(Yue et al.,2017)。

同位素分析技术的发展为确定有机质的来源提供了有效途径,有机质的来源不同导致其碳同位素组成也存在着明显的差异,因而利用有机质的碳同位素值($\delta^{13}C$)可以区分陆源有机质和海源自生有机质,甚至定量不同来源有机质的相对贡献(Meyers and Ishiwatari,1993),反映海洋初级生产力变化和不同类型人类活动的强度(Yang et al.,2009;齐君等,2004)。陆地 C_3 植物的 $\delta^{13}C$ 范围为 $-33‰～-22‰$(平均值为 $-27‰$),而陆地 C_4 植物的 $\delta^{13}C$ 范围为 $-16‰～-9‰$(平均值为 $-13‰$)(Pancost and Boot,2004)。海洋自生有机质的 $\delta^{13}C$ 范围通常在 $-22‰～-18‰$ 之间(Cifuentes and Eldridge,1998)。因此,可以根据 $\delta^{13}C$ 端元值来评估沉积物中 TOC 的来源。

基于传统的总有机质、C/N 和 $\delta^{13}C$ 指标虽能大体判断沉积有机碳的物源，但由于海洋浮游生物生产的有机碳 $\delta^{13}C$ 变化范围较大，且陆地植被存在较大偏差，同时早期成岩降解作用能改变有机质初始的 C/N 和 $\delta^{13}C$（Benner et al.，1987；Rice and Hanson，1984），导致这类指标对有机碳物源识别的低敏感性（Xing et al.，2011b）。相比之下，生物标志物可更加准确地区分陆源有机碳和海洋自生有机碳。

2. 正构烷烃

正构烷烃（n-alkane）是一类广泛分布于海洋沉积物中的生物标志物，结构简单（C_nH_{2n+2}），含有高键能的碳-碳单键，结构稳定，主要来源于陆源高等植物、藻类、细菌、水生高等植物和石油。

陆源高等植物蜡以碳数 $C_{25}\sim C_{33}$ 之间的长链正构烷烃为主，具有明显的奇碳数优势，主碳峰为 C_{27}、C_{29} 或 C_{31}（Eglinton and Hamilton，1967）；海洋浮游植物以碳数 $C_{15}\sim C_{21}$ 之间的短链正构烷烃为主，具有奇碳数优势，主碳峰为 C_{15}、C_{17} 或 C_{19}（Cranwell，1982），也可以产生 C_{25} 以上奇偶优势不明显的正构烷烃（Freeman et al.，1994）；水生高等植物产生中等链长的正构烷烃，具有奇碳数优势，主碳峰为 C_{21}、C_{23} 或 C_{25}（Ficken et al.，2000）；石油源的正构烷烃链长在 $C_{20}\sim C_{40}$ 之间，通常不具有奇偶性（Peters et al.，2005）。

基于正构烷烃的代表性地球化学参数指标有碳优势指数（carbon preference index，简称 CPI）、平均碳链长度（average chain length，简称 ACL）、碳链比值［例如 C_{31}/C_{27}、C_{31}/C_{29}、$C_{31}/(C_{31}+C_{29})$］等，被广泛应用于判别沉积物来源、有机质成熟度、植被类型。其中，CPI 主要指示正构烷烃的奇偶优势，常用来反映沉积层所含有机质成熟度。通常，当 CPI 接近 1 时，表明正构烷烃分布无明显的奇偶优势，有机质的成熟度较高；当 CPI 大于 1.5 时，则表明正构烷烃的分布具有明显的奇偶优势。藻类和细菌来源的正构烷烃分布缺乏明显的奇偶优势，但陆地高等植物源正构烷烃具有明显的奇偶优势（CPI 为 5~10）（刘晶晶等，2016）。ACL 表示沉积物中长链正构烷烃的平均碳数。通常，干旱热带、亚热带植物的 ACL 较大。因此，ACL 增大可粗略指示草本植被优势相较于木本植被增强（刘晶晶等，2016）。木本植物、草本植物分别以 n-C_{27} 或 n-C_{29} 和 n-C_{31} 正构烷烃为主，碳链比值可用来估测木本植物和草本植物的相对贡献。

3. 脂肪酸

脂肪酸是构成生物体细胞的重要组成部分之一，可以由多种生物合成，包括海洋浮游植物（微藻和大型海草等）、浮游动物、陆源高等植物以及细菌等，因此在沉积物中含量十分丰富（Carrie et al.，1998）。通过分析脂肪酸的碳链长度、双键的数目、双键的位置和构型（图 1.1），可以识别脂肪酸的来源（Morgunova et al.，2012）。

研究发现，脂肪酸主要来源有 3 种，即陆生高等植物、海洋浮游生物和细菌，也有一些其他来源（表 1.1）。海洋浮游生物合成的脂肪酸主要以 n-$C_{16}\sim n$-C_{20} 低偶数碳正构脂肪酸和不饱和脂肪酸为代表；细菌源脂肪酸种类较多，包括低积碳数脂肪酸（$C_{13}\sim C_{19}$）、一元不饱和脂肪酸如 $C_{18:1}$、异构和反异构脂肪酸等（Johns et al.，1994；Sun and Wakeham，1994）。

中链正构脂肪酸包括 $n\text{-}C_{22}$ 和 $n\text{-}C_{24}$，是大型沉水植物的标志化合物；碳链长度在 C_{24} 以上，如 $n\text{-}C_{26}$ 和 $n\text{-}C_{28}$ 等长链饱和脂肪酸，主要由陆生植物合成，可以指示陆源高等植物的输入；但是碳链长度在 C_{20} 以下的短链偶数碳正构脂肪酸和单不饱和脂肪酸 $C_{18:1\omega9}$ 常常由陆地和海洋中的多种生物合成，因此在物源指示上有一定的模糊性。

在海洋沉积物中，脂肪酸主要来源于海洋浮游藻类和海洋微生物，其种类主要包括短链偶数碳正构脂肪酸、单不饱和脂肪酸、多不饱和脂肪酸和异构、反异构脂肪酸。同时也存在指示特定藻类的脂肪酸，例如：$C_{16:1}$ 主要来源于海洋硅藻；短链多不饱和脂肪酸（如 $C_{18:2}$、$C_{18:3}$ 及 $C_{18:4}$）主要来源于绿藻（Lebreton et al.，2011）；长链多不饱和脂肪酸（如 $C_{20:5}$、$C_{22:6}$ 脂肪酸）可以指示海洋鞭毛藻（Ackman et al.，1968；褚宏大，2007）。此外，应用较为广泛的还有碳优势指数（CPI）和高碳数与低碳数比值（H/L），同样可以反映不同类型脂肪酸的来源，从而判别沉积有机质的来源（Matsumoto et al.，1990）。

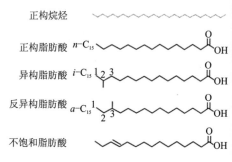

图 1.1　正构烷烃和脂肪酸结构示意图

表 1.1　不同类型脂肪酸及其来源

参数	短链正构脂肪酸	中链正构脂肪酸	长链正构脂肪酸	短链不饱和脂肪酸	长链不饱和脂肪酸
来源	高等植物、海洋微藻及细菌	大型沉水植物	陆生高等植物	藻类和细菌	海洋鞭毛藻

4. 甘油二烷基甘油四醚化合物

甘油二烷基甘油四醚（glycerol dialkyl glycerol tetraethers，简称 GDGTs）是一种源自微生物细胞脂膜的四醚类化合物，普遍存在于海洋和湖泊及其表层沉积物和土壤等各种环境中。古菌与细菌的细胞膜结构均由蛋白质和脂类构成，其中极性脂类以中心脂、极性头以及甘油脊 3 种成分组成。微生物死后，极性膜会随着有机质的分解而迅速降解，此时极性头基会丢失而留下相对稳定的中心脂，因此 GDGTs 具有较为稳定的化学性质，在复杂的自然环境中不易被氧化、降解，能够携带着丰富的环境信息稳定存在于各类环境载体中。在分子生物地球化学领域，通常根据 GDGTs 的化学结构把它分成两类（图 1.2），即类异戊二烯甘油二烷基甘油四醚化合物（isoprenoid GDGTs，简称 isoGDGTs）和支链甘油二烷基甘油四醚化合物（branched GDGTs，简称 brGDGTs）（Schouten et al.，2013）。

关于 GDGTs 化合物的来源，brGDGTs 最初被检测出在泥炭环境中，被认为异养兼厌氧的土壤细菌是其主要的来源，但有较多研究发现水生环境中的细菌也可产生 brGDGTs

（Weijers et al.，2009）。isoGDTs 被认为主要由古菌合成,它具有复杂而多元的生物来源。无环结构的 GDGT-0 是生物来源最广泛的化合物,可由广古菌（Euryarchaeota）、奇古菌（Thaumarcheaota）以及泉古菌（Crenarchaeota）合成;具有环戊烷结构的 GDGTs-1～3 化合物也来源于部分广古菌、奇古菌以及泉古菌;而具有环戊烷和环己烷结构的泉古菌醇（Crenarchaeol）和它的异构体（Crenarchaeol'）主要来源于奇古菌（Blumenberg et al.，2004；Weijers et al.，2014）。然而在现代环境中,GDGTs 各组分的主要来源和丰度在开阔大洋、沿海区域、土壤泥炭或湖泊的不同沉积物中具有一定的差异（Schouten et al.，2013）。

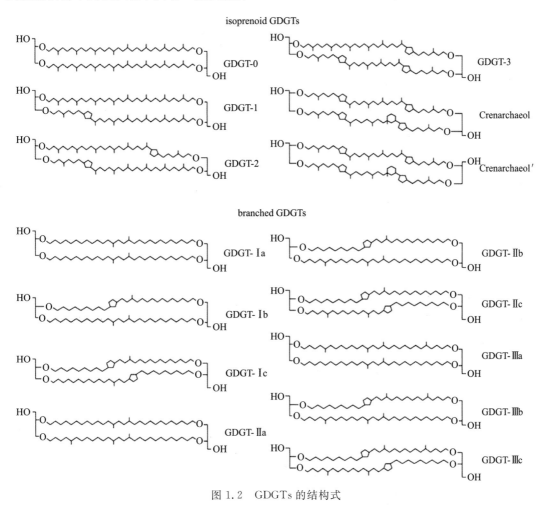

图 1.2　GDGTs 的结构式

5. 醇类化合物

醇类化合物是一类广泛存在于海洋沉积物和生物体中的脂类生物标志物,主要包括直链烷基醇、甾醇和长链二醇。直链烷基醇在生物体中含量较低,不同的生物类型具有不同的碳数优势。通常认为直链烷基醇中 $n\text{-}C_{16}$ 和 $n\text{-}C_{18}$ 主要来源于浮游藻类;$n\text{-}C_{20}$ 烷醇在浮游动物中含量较高;大型水生植物主要以 $n\text{-}C_{22}$ 和 $n\text{-}C_{24}$ 烷基醇占优势;而长链直烷醇（$>n\text{-}C_{24}$）以陆生高等植物或细菌为主要来源,且直链烷基醇中以偶碳数组分为主导（Chen et al.，2021b）。基于直链烷基醇优势碳数的来源差异性,不同类型沉积物中可利用其含量分布特征来指示沉积时环境物源变化。

甾醇是以环戊烷多氢环为基础结构的脂类化合物,由一个四元环和三条支链组成基本单位,其结构特性在很大程度上决定了双链及侧链上的甲基位置,不同的分子结构能够反映生物体内合成的差异。甾醇的成因一方面取决于母源的性质,另一方面还受到生物化学、地球化学等方面的影响,相同沉积环境下不同时期生成的甾醇具有不同的分布特征,可反映沉积时的环境。甾醇及其衍生物的来源具有多样性,常用于指示海洋环境中的外源输入、自生输入和人类活动输入等(Tian et al.,1992;Reeves and Patton,2001)。陆源输入的甾醇主要有豆甾醇(stigmasterol)、谷甾醇(β-sitosterol)、麦角甾醇(ergosterol)、羊毛甾醇(lanosterol)和豆甾烷醇(stigmastanol)等甾醇及其衍生物,常用于指示陆地高等植物和真菌来源的有机物质(Rielley et al.,1991;Poerschmann et al.,2017)。海洋生态系统中自生的甾醇主要包括胆固醇(cholesterol)、菜籽甾醇(brassicasterol)、甲藻甾醇(dinosterol)和链甾醇(desmosterol)等,可应用于海洋原位产生的有机质的来源指示(Volkman,2003)。近岸海域普遍存在的粪甾醇(coprostanol)自20世纪90年代常作为河口海域生活污水的生物标志物,用于评估环境质量(Nichols et al.,1996;马海青等,2009)。

甾醇除了未在细菌中检出外,广泛存在于动植物细胞膜结构中。目前已报道的植物甾醇有约30种,仅有特定类型的藻类甾醇能稳定存在于沉积物中,可用于特征甾醇演变的指示物,因此被认为是应用于海洋有机地球化学研究中有效的生物标志物,在指示沉积物有机质来源、初级生产力变化或环境污染情况等方面已有广泛的应用(Volkman,2003;Duan et al.,2017)。Resmi等(2022)对印度北部海岸红树林生态系统沉积物中检测出的萜类和脂肪醇进行分析以研究有机物质的来源,结果表明与陆地输入相比,来自海藻的有机质贡献较小,在季风前甾醇丰度与溶解氧饱和度一致增大,季风期间生物量较低,后季风期光养生物生长较快,指示红树林系统中藻类有机质的变化受季风驱动。甲藻甾醇与菜籽甾醇在浮游植物中含量丰富,常分别作为指示甲藻与硅藻生物量的生物标志物。Pedrosa-Pàmies等(2018)在百慕大群岛北部海域利用颗粒物中的脂类生物标志物来评估浮游植物、浮游动物和细菌来源对颗粒有机碳的贡献以及季节性变化,植物甾醇、多不饱和脂肪酸和烯酮的相对丰度较好反映了浮游植物群落结构的差异,揭示了藻类的碳再矿化过程和中上层海洋带内微生物生产对微生物群里结构深度分带的调控,还发现极端天气事件会对海洋碳泵和深海生态系统产生显著的影响。Wang等(2022)从西北太平洋中低纬度地区表层和深层水的叶绿素最大层的悬浮颗粒物中提取了菜籽甾醇、甲藻甾醇,结合C_{37}烯酮定量地反映了浮游植物生物量和群落结构的水平、垂直变化,发现不同营养浓度的水团对脂类生物标志物具有调控作用,富营养化的亲潮区生物量高,硅藻占优势,而贫营养化的黑潮区生物量低,甲藻与裸植藻占比更大,研究结果也进一步强调了脂质生物标志物在海洋生态系统功能和生物地球化学循环方面的应用潜力。

长链烷基二醇(long-chain diols,LCDs)是一种在沉积物中普遍存在的脂类生物标志物,自首次在黑海被检测出来后(de Leeuw et al.,1981),在全球范围内的海洋和湖泊第四纪沉积物中陆续被发现,含量丰富。关于长链烷基二醇的来源目前尚不能确定,培养的海洋和淡水黄绿藻中检出一系列的长链烷基二醇,主要有C_{28},C_{32} 1,13-diols和1,15-diols(Volkman et al.，1999），培养的一种微绿球藻主要产生 C_{32} 1,15-diols，但该组分在海洋沉积物中含量较低，这些藻类在开放的海洋系统中并不广泛存在，因此不能作为海洋沉积物中二醇的主要来源。海洋环境中长链烷基二醇主要由 C_{28}，C_{30} 1,13-diols、C_{28}，C_{30} 1,14-diols 和 C_{30}，C_{32} 1,15-diols 组成，其植物来源记录较少，部分 C_{28}，C_{30} 1,14-diols 在 *Proboscia* 硅藻中被检出（Rampen et al.，2007），后来在海洋藻类 *Apedinella radians* 中也有发现（Rampen et al.，2011），然而海底沉积物中 C_{28}，C_{30} 1,13-diols 和 C_{30}，C_{32} 1,15-diols 的主要生产者至今未明（Lattaud et al.，2017），人工培养的藻类产生的长链二醇含量分布与海洋沉积物中的不相符合。de Bar 等（2016）通过河流、近河（海）口、海洋不同区域的土壤、悬浮颗粒物、沉积物样品的分析，发现 C_{32} 1,15-diols 在河口区域相对含量较高，距河口越远丰度越低，且该长链二醇组分与 BIT 值[参见附录，公式（11）]具有显著的正相关关系，证明了 C_{32} 1,15-diols 很可能源于陆地河流。

1.3.2　古环境重建

海洋初级生产力是指浮游植物、底栖植物（如海藻、红树和海草等）以及自养微生物等生产者通过光合作用制造有机质的能力（刘芳，2012）。人类活动带来的营养盐会促进海洋初级生产力并保存在海洋沉积物中，因此分析有机质的含量和变化可以重建海洋初级生产力。然而 TOC 和 TN 含量除受上层初级生产影响外，同时受到有机质矿化等成岩作用、粒度效应、氧化还原环境等多种因素干扰，因此，将 TOC 和 TN 作为指示初级生产力变化的指标时，需要参考其他指示环境信息的指标进行综合分析（于宇等，2012）。近年来的研究多将 TOC、TN 和 $\delta^{13}C$ 结合起来对河流、湖泊或海洋沉积物进行研究，以重建研究区域初级生产力的变化。Yamamuro 和 Kanai（2005）对日本西南部新济湖中 3 个沉积岩芯的有机碳含量及其稳定同位素进行了分析，探讨了近 200 年以来自然与人类因素对湖泊水质的影响；曹璐（2012）研究了长江口及邻近海域沉积物中有机质的分布规律，并进一步探讨了人类活动对生态环境的影响，表明自 1990 年以来，由于流域与三角洲地区经济的迅猛发展，长江污水排放增加，水体营养盐水平随之迅速增加，进一步导致了河口区初级生产力增加。

此外，生物标志物可以在一定程度上反映海洋初级生产力的变化。海洋浮游藻类的正构烷烃的分布主要集中在 C_{20} 以前，将正构烷烃以 C_{20} 为分界定义短链正构烷烃和长链正构烷烃，利用长链正构烷烃与短链正构烷烃的比值可以评价陆源正构烷烃和海源正构烷烃的相对贡献，进而重建海洋初级生产力。大型海藻、海草等海洋植物的正构烷烃分布以 C_{23} 和 C_{25} 为主（Ficken et al.，2000）；陆源高等植物中一般以高分子量的正构烷烃占优势，其中，C_{27}、C_{29} 和 C_{31} 最为丰富（Eglinton and Hamilton，1967），利用 $C_{23}+C_{25}$ 与 $C_{23}+C_{25}+C_{29}+C_{31}$ 的比值可以评价海藻、海草等海洋大型植物源正构烷烃与陆源正构烷烃的相对贡献（Mead et al.，2005），在一定程度上反映海洋初级生产力。

沉积物中脂肪酸的含量与上层海水的营养盐浓度、生物产量成正比。海洋中短链脂肪酸作为海洋藻类和细菌的生物标志物，其含量变化在一定程度上也能够反映出海洋初级生产力的变化（Huang et al.，2015）。研究发现短链脂肪酸主要来源于海洋藻类，而异构和反异构脂肪酸主要来源于海洋细菌（Johns et al.，1994；Sun and Wakeham，1994），这两者在海洋沉积物脂肪酸中占主导地位。杜天君(2011)应用脂肪酸作为分子示踪物,发现在黄河三角洲潮间带表层沉积物样品中游离态与结合态脂肪酸比值整体呈现中间高、向岸和向海方向降低的分布规律,由南向北逐渐增大,表明研究区域南部比北部现场的生产力高,近海区比近河口区现场的生产力高。褚宏大(2007)通过对2005—2006年东海赤潮高发区表层沉积物脂肪酸含量进行分析,发现在赤潮高发区中心站位含量较高,赤潮高发区边缘站位的含量较低,表明赤潮高发区中心站位海洋初级生产力高于边缘站位。

brGDGTs和isoGDGTs在土壤、泥炭、海洋沉积物等不同载体中的来源差异性,推动了生物地球化学循环和古环境重建中四醚类生物标志物的发展。Xiao等(2016)发现渤海的岩芯沉积物中的brGDGTs成分随距离河口的远近而具有明显差异,因此提出用六甲基化和五甲基化brGDGTs的丰度比(Ⅲa/Ⅱa)来评估brGDGT的来源,对全球范围内的海洋沉积物和土壤中Ⅲa/Ⅱa进行比较证实了brGDGT存在陆地来源与海洋来源。brGDGTs在土壤中的分布已被证明与环境参数如年平均气温(MAAT)和pH有关,但现有校准中的较大分散性表明存在其他的控制因素。Naafs等(2017)将brGDGTs的分布与从全球集成数据集中获得的一系列环境参数进行比较,与前人研究一致,进一步证实了五甲基brGDGTs的分布主要取决于温度,基于此建立了新的温度校准。此外,GDGTs不同组分的丰度比值在近海和开阔海域的应用较多,而关于在近岸海域的适用性,Cheng等(2021)以九龙江-河口系统为研究对象进行了探究,通过分析GDGTs不同组分的丰度,例如isoGDGTs/brGDGTs、GDGT-0/cren和Ⅲa/Ⅱa等,结果较好地指示了有机质的来源和人类引起的水体富营养化程度,研究结果有助于辨析不同GDGTs丰度指数在海岸生态系统中的应用。

由于GDGTs化合物能够在不同地质时期稳定保存环境信息,基于GDGTs化合物建立的特征指标已成为研究和重建古环境的热点。基于isoGDGTs和brGDGTs的来源差异,前人建立了陆源输入指标BIT值,表示陆地来源brGDGTs与水生奇古菌来源的Crenarchaeol的相对丰度(Hopmans et al.,2004),有研究发现该指标能较好地应用于指示河口区域、半封闭海域等的陆源输入比例(Guicai et al.,2020;Yedema et al.,2023)。前人发现在陆架海域BIT值与♯rings$_{tetra}$[参见附录,公式(12)]值能够较好地对应(Zhu et al.,2011;Zell et al.,2015),在BIT值较高的区域具有较低♯rings$_{tetra}$值特征,表明原位产生的brGDGTs对BIT值的贡献较小。然而,除了来自土壤的输入外,高BIT值也可能源于水体的原位产生,brGDGTs在湖泊悬浮颗粒物中的浓度随水深增加而增加,它们在湖泊沉积物中的分布与周围土壤不同(Damsté et al.,2009;Tierney et al.,2012),河流、湖泊和沿海海洋环境中也可以产生brGDGTs(Zhu et al.,2011;Zell et al.,2013;van Bree et al.,2020),在土壤中也可以产生Crenarchaeol(Weijers et al.,2006),因此在评估陆地有机质来源时应考虑BIT指数的适用性,结合其他物源指标进行探讨。

尽管长链烷基二醇的来源并不明确,但近年来的研究发现长链烷基二醇是较好的重建环境气候的潜在指标。例如沉积物中C$_{32}$ 1,15-diols的丰度可指示大陆架中的河流有机质输入;C$_{28}$,C$_{30}$ 1,13-diols、C$_{30}$ 1,15-diols的丰度比例与海表温度(sea surface temperature,SST)之间存在相关性;C$_{28}$ 1,14-diols的丰度与地表沉积物中的营养盐浓度呈正相关。基于此,Rampen等(2012)建立了一种新的温度指标,即长链二醇指数(long diol index,LDI),表示

C_{30} 1,15-diols 相对于 C_{28},C_{30} 1,13-diols 和 C_{30} 1,15-diols 的丰度比值,该指标与 SST 之间存在较强的相关性,可作为第四纪甚至更古老的沉积物的古温度计,特别在重建生长季节的温度上具有潜力(de Bar et al.,2018;Wei et al.,2020)。Versteegh 等(1997)首先基于 C_{30} 1,15-diols 的相对含量提出了可用于重建盐度的指标,研究发现在淡水区域、半咸水环境、上升流海域再到开放大洋区域,随着盐度的增大该指数逐渐增大。*Proboscia* 硅藻在上升流区域等营养盐丰富的海洋环境中被检出较高的含量(Damsté et al.,2003),被认为是重建高营养或上升流环境的脂类示踪剂,因此学者们引入了多个二醇指数(diol index,DI),适用于全球不同地区(Rampen et al.,2014;Erdem et al.,2021)。然而,最近的研究表明二醇指数并不是上升流或养分浓度的指标,而应该是 *Proboscia* 硅藻生产力的示踪剂(de Bar et al.,2018)。

近年来,基于长链二醇的特征指标在重建过去海洋上层温度和生产力等方面的应用越来越受到关注。Versteegh 等(2022)收集了非洲西北部上升流区沉积物中的长链二醇与卫星监测的海表温度、生产力、浮游生物组成等数据,评估海表温度指标长链二醇指数(LDI)、二醇饱和指数(diol saturation index,DSI)和二醇链长指数(diol chain index,DCI)、海洋初级生产力上升流强度替代指标(DIR、DIW)以及营养二醇指数(nutrition diol index,NDI)的性能,进一步揭示了长链二醇各组分及相关指标在应用中的区域适用性与局限性。de Bar 等(2019)分析了 5 个热带海域的沉积物以评估长链二醇浓度和通量的季节变化及其相关指标,发现热带大西洋水柱中只有不到 2% 的 LCDs 沉降保存到沉积物中,莫桑比克海峡的沉积物中 LDI 与其他脂类温度指标 TEX$_{86}$ 和 UK$'_{37}$ 相似地呈现出季节性变化较小的特征,LDI 反演的年平均海表温度与卫星所反演的 SST 能够较好地吻合,此外东大西洋、卡里亚科盆地和莫桑比克海峡站点均表明二醇指数的季节性变化特征与上升流有关。Chen 等(2021a)通过长链二醇的分布特征,研究与近岸径流输入有关的源汇过程以及黑潮入侵的影响,探讨了不同二醇组分的来源,同时利用 LDI 重建了东海大陆架不同海域的海表温度(以秋季温度为主),结果表明由于地貌、季风与不同水团的相互作用,夏季东海陆架以上升流为主,存在区域性的上升流增强带,还指出营养二醇指数(NDI)在指示暖季表层水体营养盐浓度的应用上仍需进行深入研究。Zhu 等(2018)应用 LDI 指标重建的粤东上升流区 SST 与当地年平均海表温度变化相一致,且较好地与厄尔尼诺-南方涛动(El Niño-Southern Oscillation,ENSO)波动相吻合,表明海表温度和上升流强度受到厄尔尼诺的调控,进一步支持 LDI 指标在上升流区的适用性。

1.4 东海近海生态环境研究的重要意义

边缘海是海陆相互作用的重要区域,也是陆源物质输入、转移和沉降保存的过渡区域,探究陆海交汇海域生态环境演变过程对认识海陆相互作用、人类活动与海洋生态系统的关系具有重要意义。近岸不同沉积环境(如海湾、河口等区域)具有不同的生态环境特征。随着我国经济的发展,人类活动对环境污染的增加,近岸海域出现了有害藻类暴发、水体缺氧等对海洋生态环境不利的现象。目前对东海陆架的研究中学者多聚焦于长江口海域及闽浙泥质区,而近岸海域靠近人类生活区,受到自然环境变化影响的同时,也受到人类活动的干扰,海洋生态系统变化相对复杂,因此研究连接陆地和海洋的海湾、河口区域的生态环境演变有助于更加深入认识人类活动对海洋带来的影响,对利用和保护海洋具有重要的指导意义。

此外,拦河坝、水电站等水利设施的修建导致输入海洋的陆源物质减少,改变了沿海水域的沉积环境以及水体中的营养盐水平与结构。因此,人类活动影响下近岸海域环境变化对有机质埋藏的影响有待充分、全面的评估。

目前对于东海近岸海域有机质来源的研究主要集中在陆架泥质区,作为陆地与泥质区的过渡区域,近岸浅水区域(水深<10m)离岸更近,受人类活动影响更明显,但其在海洋碳循环中的作用研究较少。此外,在人类活动的影响下,浅水区有机质的储藏能力也尚不明确,具有较强的研究价值。本研究区地处东海近岸海域,东海西侧有长江、钱塘江、飞云江等河流陆源输入,陆海相互作用强烈,受人类活动影响频繁,沉积物来源复杂。

本研究选用了东海近岸海域象山港湾内和飞云江口两根浅水沉积柱状样,在测定年代的基础上,利用正构烷烃、脂肪酸含量、GDGTs和醇类化合物的分析,反映研究区域的生物标志物来源信息,并结合相关衍生指标随沉积年代的变化趋势讨论研究区域有机质来源的变化,进一步利用菜籽甾醇、甲藻甾醇和长链二醇的丰度比值及其相关指标重建东海内陆架百年尺度上近岸海洋生态系统中浮游植物初级生产力和浮游植物种群结构的变化,探讨自然气候和人类活动对东海近岸海洋生态环境变化的影响。同时通过研究近百年来东海近岸海域有机碳埋藏特征对环境变化的记录和人类活动的响应,为预测未来人类活动影响下近岸海域生态环境与有机碳埋藏变化趋势提供依据。

第 2 章　研究区域概况

2.1　区域环境概况

东海是一个比较开阔的陆架边缘海,位于 21°54′—33°17′N、117°05′—131°03′E 之间。它的西北面与黄海相连,而东北方以韩国济州岛东南端至日本福江岛与长崎半岛野母犄角连线,以朝鲜海峡为界,并经朝鲜海峡与日本海相连;东面和南面则以日本九州、琉球群岛及我国台湾连线与太平洋相隔;西濒我国上海、浙江、福建等省(直辖市)。东海的东北至西南长约 1300 km,东西宽约 740 km,面积约为 7.7×10^5 km^2。

闽浙泥质区的陆地沉积物一般认为主要来自闽浙沿岸的河流及台湾河流,如长江、钱塘江、瓯江、飞云江等,其中以长江源沉积物的贡献最大。东海内陆架附近环流体系主要由长江冲淡水、东海沿岸流、台湾暖流与黑潮组成:长江冲淡水是长江低盐度淡水与高盐度海水的混合水体,含有丰富的营养盐,温度波动较大;东海沿岸流由长江径流与东海上层水体混合,呈夏季东北向、冬季南向流动;台湾暖流是黑潮的分支,由台湾东北部进入东海;黑潮是西太平洋影响东海大陆架的主要外海海流,具有高温高盐的特征(李家彪,2008)。自然气候主要受到东亚季风、北太平洋十年涛动(Pacific Decadal Oscillation,PDO)等因素的影响,气候条件的变化直接导致了海水温度的季节性和区域性差异。

2.1.1　象山港海域环境概况

象山港位于浙江省宁波市象山半岛以西,是我国临近东海的一个富营养化半封闭式港湾,地形较为狭长,水深较浅,通常深仅约 10m。象山港所在地属于北亚热带季风气候区,气候温暖湿润,雨量充沛,四季分明,属亚热带气候类型(尹维翰,2007)。港内有铁港、黄墩港和西沪港三大支港,港岸线曲折,因狭长半封闭的海湾特征导致湾内水体交换周期较长,口门水体交换良好。海底地形复杂,底质类型以粉砂质黏土为主,其次是泥质粉砂,细粒沉积物具有良好的分选性。象山港作为中国典型的亚热带海湾生态系统,拥有独特的地形、水动力和生物群落,该海域是鱼虾贝藻等多种海洋生物的良好栖居地,是浙江省重要的海水养殖基地之一,港内以滩涂养殖、围塘养殖和网箱养殖为主要的海洋渔业(魏永杰等,2015)。受港外六横、梅山等岛屿的阻挡作用,象山港和边缘海之间物质和能量交换受限。这种代表性的地理格局导致港内水体滞留时间长,有机质的生物地球化学过程更加复杂(赵辰等,2021)。

自 20 世纪 80 年代以来,人类活动不断加强,近海港湾的生态环境问题日趋严重。城市化和水产养殖业的快速发展使整个象山港的水质处于严重的富营养化状态,赤潮频发(郑云龙等,2000)。氮、磷和硅等营养成分均有不同程度增加,且均呈现出由港顶到港口逐渐减少的分布特征(中国海湾志编纂委员会,1993)。吴燕妮等(2017)通过 2007—2015 年象山港水质的调查数据,发现陆上氮源、磷源主要来源于氮肥、磷肥和畜禽废弃物。赵宾峰(2016)通过对象山港内养殖区的水质评价,发现无机氮、活性磷酸盐和石油类是影响养殖区水质的主要成分。王菲菲等(2013)分析了象山港海洋牧场规划区内 22 个站点的叶绿素 a、水体及沉积物等生态因子,发现叶绿素 a 含量与势能异常系数存在负相关关系,并建议通过建设人工鱼礁提高该海域的初级生产力水平。近年来建设的两个大型燃煤电厂排放的废气和温排水对象山港生态环境也造成显著影响(Jiang et al.,2019)。随着陆源污染物的长期入海,近岸海域的生态环境不断恶化,生物多样性逐渐减少,对近岸海域有机质的埋藏产生了深远的影响。

2.1.2 飞云江口海域环境概况

飞云江是位于温州西南部的浙江第四大河,东临太平洋,干流长约 200km,流域面积约 3700km², 流域内建有 1 座大型水库,6 座中型水库(程鹏和曾广恩,2022)。温州沿海海岸带潮间带表层沉积物类型相对单一,主要为粉砂、黏土质粉砂、砂、砾等粗颗粒物质仅零散分布于基岩岬角间的海湾内以及河流入海口附近。温州地处中亚热带南部,属于中亚热带季风气候区,气候温暖、光照丰富(Ma et al.,2022)。径流在年内的分配主要集中在 5—6 月的梅雨季节和 4—10 月的台风季节。飞云江口海域地处中纬度地带,属亚热带季风气候,受高温高盐的台湾暖流和低盐的闽浙沿岸流以及浙南沿岸上升流的影响,飞云江口海域水体调节作用强,水体营养盐丰富,初级生产力水平和物种多样性较高(Sun et al.,2016)。

随着浙南经济的发展,城市规模及人口的急剧扩大,流域内人类活动加剧,其径流携带着上游各县(市)、乡(镇)的生活污水和工农业废水进入飞云江口海域。随着温州地区工农业的迅猛发展和城镇化以及大规模的围垦,飞云江入海口水质下降,生态环境不断恶化(陈星星等,2017)。胡颢琰等(2008)根据 2006 年调查数据,对浙江近岸海域浮游动物的生态分布特征进行了大范围的研究,发现浙江近岸海域受长江口及内陆排污影响较大,是赤潮的多发区和重灾区。孙鲁峰等(2013)对浙江中部近海浮游动物生态类群分布与上升流的关系进行了研究,发现浮游动物几乎不适应虽具丰富营养条件但呈低温缺氧的上升流水体这样的生态环境,但浮游植物和叶绿素的数量在上升流低温中心区呈现高值。尽管他们对该区域生产力水平在时间和空间上的分布进行了系统的研究并取得了重要进展,但是以往的沉积记录工作更多地关注人类活动引起的富营养化趋势和物种多样性变化,对于近岸海域有机质的埋藏关注较少。

2.2　气候背景概况

东海近岸地区位于亚热带季风气候区,气候温和,降水充沛且有明显干季、湿季。东部海岸气候具有季风性和海洋性双重特征,它们共同构成了东海近岸地区独特的气候特征(陈吉余,1988;陈家宽,2003)。

2.2.1　东亚季风

由于海陆分布、大尺度环流以及高原大地形等因素的共同作用,南亚—东亚地区成为世界上最著名的季风气候区,夏季风环流和冬季风环流对中国近海的热量、水分、温度、降水、风等气候要素有深刻的影响。影响中国近海气候的主要天气系统包括来自高纬度地区的冷性反气旋(寒潮)、来自中高纬的温带气旋和来自低纬度地区的热带气旋,它们是中国近海风浪、风暴潮、暴雨、低温等灾害性天气以及气候的诱因。

东亚季风环流是影响我国东部地区气候最直接的因素。近百年来的资料显示,20 世纪20 年代到 40 年代是东亚夏季风最强期,60 年代末到 80 年代初东亚夏季风偏弱,其中 70 年代是东亚夏季风近几十年来最弱的年代,也是我国夏季最凉爽的年代(施能等,1996;施能和朱乾根,2000)。1974 年、1976 年是近几十年来最强的冷年。20 世纪 80 年代中期,东亚夏季风开始增强,冬季风开始明显地变弱;80 年代末至 90 年代初,东亚冬季风之弱是近几十年来所仅有的,也是近百年来少有的。

2.2.2　太平洋十年涛动

太平洋十年涛动(PDO)又称“拉马德雷”现象,指周期为 10a 以上的整个太平洋表面温度(SST)的变化(Mantua et al.,1997;Mantua and Hare,2002)。一方面,它既是叠加在长期气候趋势变化上的扰动,可直接造成太平洋及其周边地区(包括我国)气候的年代际变化;另一方面,它又是年际变率的重要背景,对年际变化(如厄尔尼诺-南方涛动,ENSO)具有重要的调制作用,可影响 ENSO 事件频率和强度,同时也可导致年际 ENSO 季风异常关系的不稳定性(杨修群等,2004)。PDO 对西北太平洋热带气旋活动与大尺度环流年际相关的年代际变化有重要影响。一般以 20°N 以北 SST 异常场空间分布定义 PDO 指数,其主要周期为 10~20a或更长。PDO 作为一种大气环流年代际振荡,分别以“暖位相”和“冷位相”两种形式交替在太平洋出现,每种现象持续 20~30a。数据分析显示 PDO 有准 15 年、30 年和 60 年的年代际波动,对长江入海径流有着显著的影响(张瑞等,2011)。1890 年以来 PDO 经历了 3 次显著的突变,突变点分别是 1925 年、1947 年和 1976 年,即 1890—1925 年和 1947—1976 年为冷位相阶段;1926—1946 年和 1977 年至今为暖位相阶段(Minobe,1997;Hare and Mantua,2000)。PDO 影响东亚夏季风和冬季的大气环流,1958—1976 年为 PDO 冷相位时期,东亚夏季风总体偏强;1976—1993 年为 PDO 暖相位时期,夏季风总体偏弱(李峰和何金海,2000)。20 世纪,北半球冬季的大气活动中心 3 次大的气候突变分别对应于 PDO 转位相的时间,如 1976—1977 年气候突变后,西伯利亚高压的强度减弱,冬季西伯利亚高压的强度与中国冬季气温呈明显的负相关关系(朱乾根和施能,1997)。此外,PDO 对西北太平洋热带气旋活动与大尺度环流年际相关的年代际变化有重要影响(钟颖旻和徐明,2007;何鹏程和江静,2011)。

研究表明,PDO 对东海近岸海域产生很大的影响。由于黑潮受到北太平洋大尺度风应力过程的影响,黑潮入侵东海陆架的年代际变化与 PDO 具有显著的负相关(齐继峰等,2014;杨德周等,2017)。在东海海域,黑潮近岸分支输入的黑潮次表层水可以在上升流的作用下到达海洋的表层(杨德周等,2017),而该海域上升流的强度也同样与 PDO 呈显著的负相关关系(Sun et al.,2016)。

2.3　水文背景概况

东海主要水团可分为暖流、沿岸流、上升流等(图 2.1)。其中暖流主要为黑潮、台湾暖流，带来大量的热量和水汽；沿岸流为东海沿岸流或闽浙沿岸流，是陆源物质的主要搬运载体；此外若干区域存在一定强度的上升流，对本区的沉积作用和生物生产力等有重要影响。

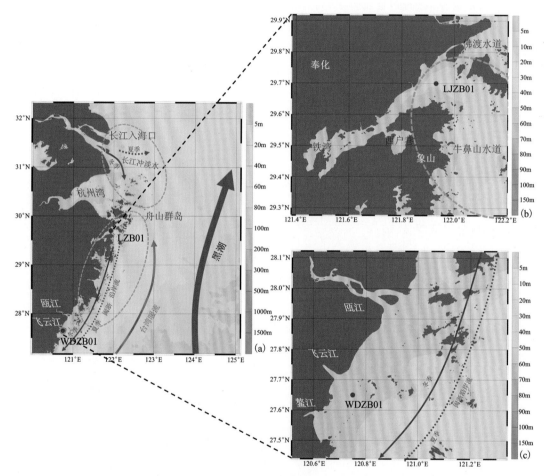

(a)区域环流系统分布图；(b)LJZB01 站位图；(c)WDZB01 站位图。

图 2.1　采样站位及东海环流系统

实线和虚线箭头表示地表环流，包括黑潮、闽浙沿岸流、台湾暖流、
长江冲淡水、江苏沿岸流。绿色虚线区域代表上升流分布。

黑潮是北太平洋一支强而稳定的西部边界流，也是整个东中国海环流的主干，对该海区的水文气象有重大影响。黑潮经台湾岛东面的苏澳—与那国岛之间的狭窄水道进入东海，主流沿着陡峭的东海大陆坡向东北流动，经吐噶喇海峡流出东海，具有流速强、流量大、流幅狭窄、高温和高盐等特征。黑潮对东海陆架区的海洋环境带来重大的影响。一般认为，黑潮在日本九州西南方分出一向北的分支，并称之为对马暖流。该分支主要部分经对马海峡进入日

本海,另有一部分沿济州岛南面的洼槽进入黄海,称为黄海暖流。黑潮夏季表层最高水温达 30℃,次表层的最高盐度达到 35‰。黑潮厚度为 800～1000m,流量在不同区域有所变化,也存在季节变化,多年统计其季节平均值在夏季时最大,秋季最小,多年平均流量为 $(25.5～27)×10^6 m^3/s$。黑潮四季变化无一定的规律性,有的年份冬强、夏弱,有的年份夏、秋强而冬、春弱或冬、夏相同。东海的黑潮水系是由黑潮携运而来的水体为主形成的水团的集合,通常又可分为表层水团、次表层水团、中层水团和深层水团。其中东海黑潮次表层水团和中层水团沿陆架和陆坡也有爬升现象,因而对东海陆坡及陆架区底层的温盐和环流状况有很大的影响。

除黑潮外,另一对东海陆架区水热交换和物质搬运有重要影响的比较稳定的海流是台湾暖流。台湾暖流是在长江口以南、台湾海峡以北,浙、闽近海的比较稳定的一支海流,大致沿 50～100m 等深线终年向北流动,是闽浙近海海流的主干,几乎控制了东海陆架大部分区域的水文状况。台湾暖流流量在 $(1.5～3.0)×10^6 m^3/s$ 之间,具有高温、高盐的特征。台湾暖流区的底层流比较稳定,各季的流向皆为北流向。其中,除闽、浙外海春季为北偏西流向外,其余皆为东北流向或正北流向。台湾暖流高温、高盐水舌的态势大致沿 E133°向北流动,直至长江口。夏季台湾暖流表层水的前缘可达 31°N(约长江口南岸处),深层水向北延伸更远,一般认为不超过 N32°(翁学传和王从敏,1985),但赵保仁(1982)指出台湾暖流前缘混合水可以从底层穿过长江冲淡水而到达 N32°以北的苏北沿岸。台湾暖流的流幅和流速也有明显的季节性变化:一般夏季流幅宽,强度大,流速一般大于 15cm/s;而冬季流幅窄,势力弱,流速一般小于 15cm/s(苏纪兰和袁业立,2005)。关于它的来源问题,有 4 种说法:一是来自台湾东侧的黑潮水;二是来自台湾海峡(管秉贤,1978);三是夏季台湾暖流上层水来自台湾海峡,深层水来自台湾东北海域的黑潮次表层水(翁学传和王从敏,1985);四是冬、夏季台湾暖流均来自台湾海峡暖流和自台湾东北海域的黑潮分支的汇合,不同季节来自两处的强弱程度有所差异(苏志清和钱清瑛,1988)。

除暖流系统外,东海沿岸流是影响东海物质搬运的最重要水团,主要是来自江苏、浙江、福建的沿岸水。浙闽沿岸流的特征是盐度低,水温年变幅大,与台湾暖流交接处形成锋面。东海沿岸流的另一个特点是流路随季节而变,该流系夏季东南季风盛行时,贴岸北流,流幅较宽、流速较强,至 N30°附近海域,与长江、钱塘江淡水汇合在一起形成长江冲淡水,长江冲淡水的低盐水舌向东和东北可一直延伸到济州岛海域。在长江口一带,平均流速为 25cm/s,最大流速可达 100cm/s,在舟山一带流速为 19cm/s。冬季偏北风盛行期间,长江口以北南下沿岸流与长江口冲淡水汇合,形成一支较强的南向流,流速为 10～15cm/s。春季为转变期,长江口以南的沿岸水仍流向南方,但流速明显减弱,平均流速仅 9cm/s,而长江口外已有少量沿岸水流向东北。东海沿岸流的存在对东海内陆架区顺岸泥质条带的形成具有十分重要的作用(秦蕴珊,1987;李家彪,2008;Liu et al.,2007)。

2.4　洪水及台风、风暴潮等海洋灾害

除较为稳定的气象系统以及水动力外,洪水、风暴等对东海物源区以及东海陆架物质的改造、搬运和沉积都有重要影响,也是增强年代标定准确性的一种辅助。

长江洪水不仅给流域的生产与生活造成极大灾害,对东海的物质输运和沉积也有重要影响。史料记载,唐代至清代长江流域共发生洪灾 223 次。其中,唐代发生水灾 16 次,平均每 18a 发生 1 次;宋、元代发生水灾 79 次,平均每 5.2a 发生 1 次;明、清代发生水灾 128 次,平均每 4.2a 发生 1 次。而近代以来洪灾变得更加频繁(文玉,2005)。19 世纪长江流域发生了 1860 年和 1870 年 2 次百年不遇的特大洪水。20 世纪长江又发生了 1931 年、1935 年、1954 年和 1998 年、1999 年等多次特大洪水,其中 1931 年和 1998 年为全流域洪灾(史光前和陈敏,2006)。

台风又称为强热带风暴,对沿岸地区的经济和社会带来极大的影响,也会引起沿岸海洋环境的突然改变。台风过境带来大量降水,短期内引起海水结构、沉积物搬运与沉积、海洋生物地球化学过程等的剧烈改变(Li et al.,2012)。台风期间,强烈的气旋压力加速海-气热交换以及水体的混合作用,强化了深水区的上升流或下降流,从而直接改变水体结构。朱军政和徐有成(2009)统计了 1949 年以来严重影响浙江和登陆浙江的台风个数的年代分布,分析结果显示 2000 年以来严重影响浙江的台风个数平均每年为 3.1 个,登陆浙江的台风个数平均每年为 1.4 个,是以往年代的 2~3 倍。浙江沿海潮位最高值都由台风引起的风暴潮造成。

风暴潮灾害是沿海国家和地区最主要的自然灾害之一。我国夏、秋季节热带气旋影响时间长、次数多,冬、春季节冷空气活动频繁,常伴有温带气旋发生,形成大风天气,加上近海大陆架水深较小、海岸上众多河湾和宽阔的滩涂有利于风暴潮的充分发展,因而,风暴潮灾害十分严重(钟兆站,1997)。据实测资料计算,波高 H 为 4m,波周期 T 为 10 s 时,其作用水深为 63m,这种风浪 1 月份在东海南部和北部出现的频率分别为 3.4% 和 4.6%,此风浪条件下水深小于 64m 的海底沉积物多处于运动状态。当 H 为 6~8m,T 为 15~17s 时,其作用水深可达 160m,这种海浪在东海南部和北部的年出现频率分别可达 0.32% 和 1.81%,在这种风浪作用下,整个东海陆架上海底沉积物均处于运动状态。细粒的软泥经簸选作用再悬浮,输运到水动力较为平静的海区沉积;粗粒的砂质虽有搬运,但一般距离不大(杨作升和陈晓辉,2007)。

2.5　相关的人类活动

人类活动通过流域内生产、生活及工程建设等改变河流入海物质,通过海岸带养殖、采砂、填海等影响海洋的物质输送沉积及海洋环境。

2.5.1　水利建设及水土保持

近几十年来,河流的入海水沙受到人类活动的极大影响。据估算 1959—2007 年间人类活动导致的中国主要河流沉积物减少量合计达 50Gt,其中近半源于大坝和水库建设(Chu et al.,2009)。随着 2000 年以后黄河的入海泥沙占东中国海入海主要河流泥沙总量比例的大幅下降,长江物质输运占国内主要河流总输运量比例上升至约 51%,比 20 世纪 50 年代的贡献率(约 28%)高近一倍。入海颗粒物的减少导致水下三角洲的逐渐侵蚀(Yang et al.,2002;Xu et al.,2012)。泥沙沉淀量的减少不仅改变了河口原先的动态平衡,引起水下三角洲向内陆后退,而且海水倒灌现象在长江口越来越严重。同时,大坝的建设还导致入海营养物质比例的显著改变,特别是 Si 含量的减少导致浮游植物主体从硅藻向甲藻的转变,出现生态结构的显著改变(Guo et al.,2006)。

2.5.2　近海养殖及工农业排污

随着东海沿海地区经济高速发展、人口大量增加以及海上活动日益扩大,输入东海的化学污染物呈逐年增加的趋势,导致东海近海海域水质日趋恶化、生态系统失衡及赤潮频发。而东海近海海域水体富营养化程度不断加剧和海洋环境质量日趋恶化,使东海成为我国四大海区中赤潮发生次数最多、发生范围最大的海区(方倩等,2010)。

2.6　沉积年代构建

利用 ^{210}Pb 定年的常用模式有两种,即 CIC(constant initial concentration)模式和 CRS(constant rate of supply)模式。通过 CIC 模式可以直接获得研究区的平均沉积速率,通过CRS 模式可以直接获得每一层对应的沉积年龄。研究区域沉积主要受控于潮流和沉积物供给的变化,沉积物都是经过潮流搬运、混合后的沉积物,其中过剩 ^{210}Pb 比活度基本恒定,因此更满足 CIC 模式的条件。

两个站位柱状沉积物过剩 ^{210}Pb 放射性活度随深度变化如图 2.2 所示。根据 ^{210}Pb 定年的 CIC 模式,由此变化趋势推导出飞云江口 WDZB01 站位柱状沉积物的沉积速率为 0.75cm/a,时间在1909—2020 年之间;象山港 LJZB01 站位柱状沉积物的沉积速率为 0.98cm/a,时间在1875—2020 年之间。

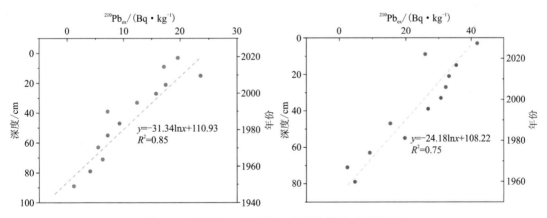

图 2.2　WDZB01 和 LJZB01 沉积柱 ^{210}Pb 活度剖面

第3章 东海近岸海域沉积有机质组成分布及来源分析

3.1 总有机质与生物标志物组成及分布特征

本节对采集的柱状样沉积物进行了总有机质和生物标志物含量及指标的分布特征分析，分析了象山港湾内柱状沉积物和飞云江口柱状沉积物的 TOC、TN 及 C/N 和 δ^{13}C 分布特征，正构烷烃、脂肪酸 GDGTs 和脂肪醇的含量及指标随时间的变化趋势。

3.1.1 TOC、TN 及 C/N 和 δ^{13}C 分布特征

象山港湾内 LJZB01 站位柱状沉积物的 TOC、TN 及 C/N 和 δ^{13}C 的垂直变化如图 3.1 所示。TOC 含量的变化范围在 0.15%～0.45% 之间，平均值为 0.3%；TN 含量的变化范围为 0.03%～0.09%，平均值为 0.06%。二者变化趋势一致，在 1950 年前较为稳定，1950 年后呈现升高的变化趋势。C/N 值的变化范围在 2.9～7.4 之间，平均值为 4.6，总体呈三段式变化，在 1950 年前较为稳定，1950—1980 年间 C/N 值快速升高，1980 年后呈现降低的变化趋势；δ^{13}C 的数值范围在 −22.7‰～−22.0‰ 之间，平均值为 −22.2‰，在 1950 年前较为稳定，1950—1980 年间 δ^{13}C 值呈现偏负的变化趋势，1980—1990 年呈现快速偏正的变化趋势后保持稳定。

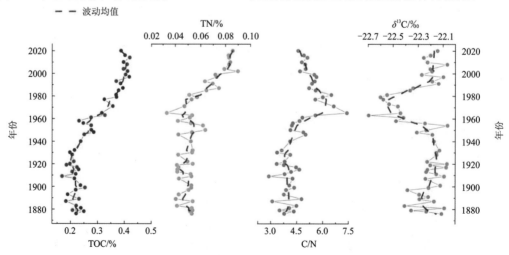

图 3.1 LJZB01 柱状沉积物中 TOC、TN 及 C/N 和 δ^{13}C 的分布特征

飞云江口 WDZB01 站位柱状沉积物的 TOC、TN 及 C/N 和 δ^{13}C 的垂直变化如图 3.2 所示。TOC 含量的变化范围在 0.1%～0.6% 之间，平均值为 0.4%；TN 含量的变化范围在 0.04%～0.11% 之间，平均值为 0.07%。二者变化趋势一致，在 1980 年前较为稳定，无明显趋势性变化，1980 年后呈现先降低后升高的变化趋势。C/N 值的变化范围为 3.2～9.0，平均值为 5.3，总体呈三段式变化，在 1955 年前无明显变化趋势，1955—1985 年呈现升高的变化趋势，1985 年后 C/N 值逐渐降低；δ^{13}C 的数值范围在 −24.3‰～−22.4‰ 之间，平均值为 −23.1‰，整体呈波动偏正趋势。TOC、TN 和 δ^{13}C 存在两个低值，分别对应于 1972 年和 1988 年。

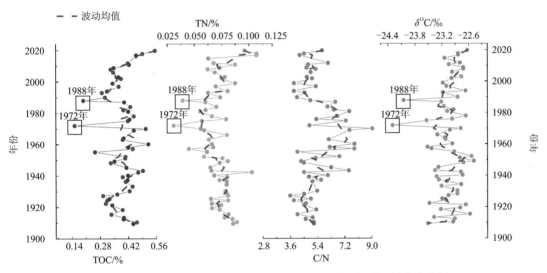

图 3.2　WDZB01 柱状沉积物中 TOC、TN 及 C/N 和 δ^{13}C 的分布特征

3.1.2　正构烷烃组成与分布特征

象山港湾内 LJZB01 站位和飞云江口 WDZB01 站位柱状沉积物中正构烷烃的碳数均在 C_{19}～C_{35} 之间，呈现为后峰群高于前峰群的分布模式，具有明显的奇偶优势。两根沉积柱样品中正构烷烃含量较低，其中 C_{27}、C_{29}、C_{31} 的含量明显高于其他碳数含量，优势峰为 C_{31}（图 3.3）。

飞云江口 WDZB01 站位沉积物中 C_{19}～C_{35} 正构烷烃总量范围为 $(153.8 \sim 1\,813.6) \times 10^{-9}$，平均为 588.2×10^{-9}。从垂直变化来看，在 1980 年前较为稳定，无明显趋势性变化；1980—2000 年间正构烷烃总含量呈降低趋势；2000 年后随时间变化呈现缓慢升高的变化趋势。正构烷烃后峰群 C_{25}～C_{35} 含量之和（ΣTALK）可以代表陆源输入，而前峰群 C_{19}～C_{21} 含量之和（ΣMALK）可以用于指示海源输入。飞云江口 WDZB01 沉积柱中 ΣTALK 含量变化范围为 $(136.9 \sim 1\,408.9) \times 10^{-9}$，平均为 494.0×10^{-9}；ΣMALK 含量变化范围为 $(2.5 \sim 42.1) \times 10^{-9}$，平均为 14.0×10^{-9}。其中，ΣTALK 的垂直变化与正构烷烃总量的变化基本一致；而 ΣMALK 含量较低，随时间变化无明显变化趋势。ΣTALK/ΣMALK 值变化范围为 5.9～13.2，平均为 8.6；陆源正构烷烃含量与海源正构烷烃含量之比（ΣTALK/ΣMALK）和优势正构烷烃之比（TAR）可以用于指示陆源相对海源输入有机质的多少。TAR 值的变化范围为 36.5～1 358.0，平均为 382.3。ΣTALK/ΣMALK 值和 TAR 值变化趋势相同，二者存

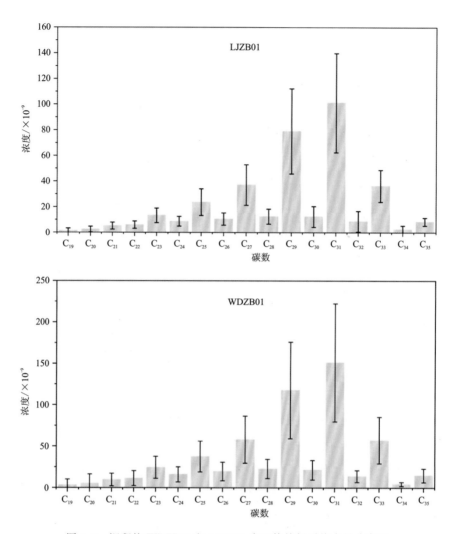

图 3.3　沉积柱 WDZB01 和 LJZB01 中正构烷烃平均含量分布图

在一定的正相关关系($R=0.64$)，在 1980—2000 年间呈降低趋势，2000 年后随时间变化有所升高(图 3.4)。

飞云江口 WDZB01 站位沉积物后峰群长链正构烷烃的碳优势指数(CPI_H)的变化范围为 5.2～8.3，平均值为 7.3，在 1965 年前呈轻微增长趋势，1965 年后呈降低趋势，2000 年后快速降低；奇偶优势指数(OEP)的变化范围为 4.2～5.8，平均值为 5.3，在 1965 年前呈轻微增长趋势，1965 年后呈降低趋势；$C_{26}\text{-OH}/C_{29}$ 的变化范围为 0.02～6.2，平均值为 0.7，在 1950 年前呈波动增长趋势，1950 年后波动降低，在 2000 年左右有一最小值(图 3.5)。

正构烷烃水生植物贡献比例指标(Paq)的变化范围为 0.1～0.2，平均值为 0.2，整体呈垂直振荡分布，在 1940 年后呈缓慢降低趋势；后峰群长链正构烷烃的平均碳链长度(ACL_H)的变化范围为 29.2～30.1，平均值为 29.7；烷烃指数(AI)的变化范围为 0.5～0.6，平均值为 0.6；C_{31}/C_{29} 的变化范围为 1.0～1.6，平均值为 1.3。ACL_H、AI、C_{31}/C_{29} 的值呈现相同的变化趋势(图 3.6)，在 1940 年后呈缓慢增长趋势。

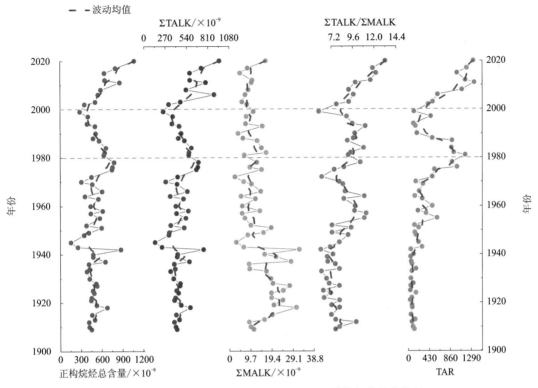

图 3.4　WDZB01 沉积柱正构烷烃总含量及其指标的分布特征

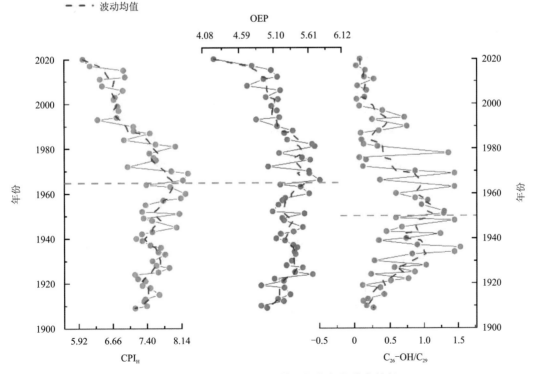

图 3.5　WDZB01 沉积柱正构烷烃指标的分布特征

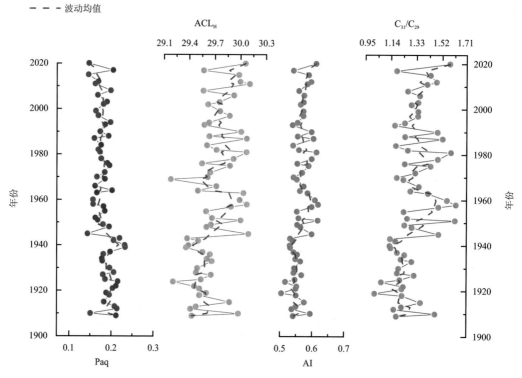

图 3.6　WDZB01 沉积柱正构烷烃植被变化相关指标的分布特征

象山港湾 LJZB01 站位沉积物中 $C_{19}\sim C_{35}$ 正构烷烃总量范围为 $(145.8\sim692.5)\times10^{-9}$，平均值为 322.7×10^{-9}。从垂直变化来看，在 1950 年前较为稳定，无明显趋势性变化；1950—1990 年间正构烷烃含量随时间变化呈现缓慢增加的变化趋势。LJZB01 沉积柱中 ΣTALK 含量变化范围为 $(76.4\sim324.9)\times10^{-9}$，平均值为 173.75×10^{-9}；ΣMALK 含量变化范围为 $(2.3\sim26.9)\times10^{-9}$，平均值为 9.9×10^{-9}。其中，ΣTALK 的垂直变化与正构烷烃总量的变化基本一致；而 ΣMALK 随时间变化呈现缓慢升高的变化趋势。ΣTALK/ΣMALK 值变化范围为 $4.7\sim11.2$，平均值为 7.1；TAR 值的变化范围为 $78.2\sim441.2$，平均值为 194.3。二者存在一定的正相关关系（$R=0.81$），均随时间变化呈现先增高后降低的趋势（图 3.7）。

象山港湾 LJZB01 站位沉积物后峰群长链正构烷烃的碳优势指数 CPI_H 的变化范围为 $6.0\sim10.1$，平均值为 8.6，在 1940 年前呈轻微增长趋势，1940 年后缓慢降低；OEP 的变化范围为 $4.76\sim7.09$，平均值为 6.3，在 1940 年前呈轻微增长趋势，1940 年后缓慢降低；C_{26}-OH/ C_{29} 的变化范围为 $0.04\sim0.95$，平均值为 0.3，在 1993 年前整体呈垂直震荡分布，无明显趋势性变化，1993 年后明显降低（图 3.8）。

Paq 值的变化范围为 $0.1\sim0.2$，平均值为 0.2，在 1940 年前呈轻微降低趋势，1940 年后缓慢升高，在 1985 年左右有一最大值，1985—2020 年呈轻微增长趋势；ACL_H 的变化范围为 $29.4\sim30.0$，平均值为 29.7；AI 值的变化范围为 $0.5\sim0.6$，平均值为 0.6；C_{31}/C_{29} 的变化范围为 $1.1\sim1.6$，平均值为 1.3。ACL_H、AI、C_{31}/C_{29} 的值呈现相同的变化趋势（图 3.9），在 1985 年前呈垂直震荡分布，无明显变化趋势，1985 年后明显降低，1985—2020 年呈缓慢增加趋势。

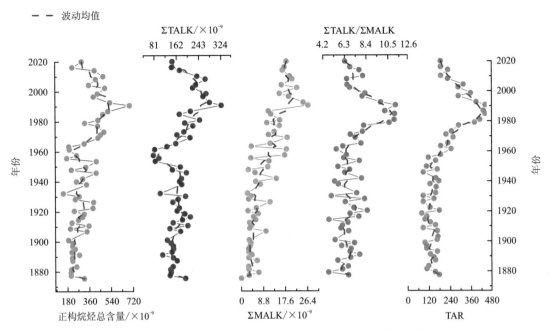

图 3.7　LJZB01 沉积岩芯中正构烷烃含量及其相关指标的变化图

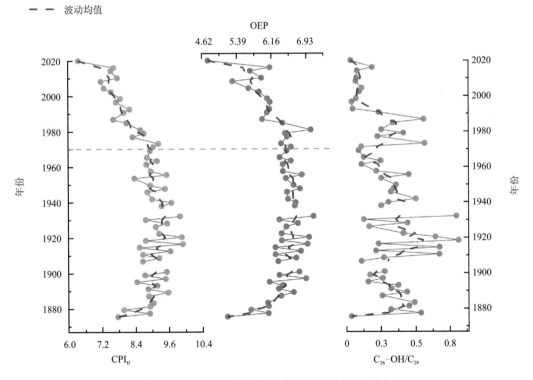

图 3.8　LJZB01 沉积柱正构烷烃指标的分布特征

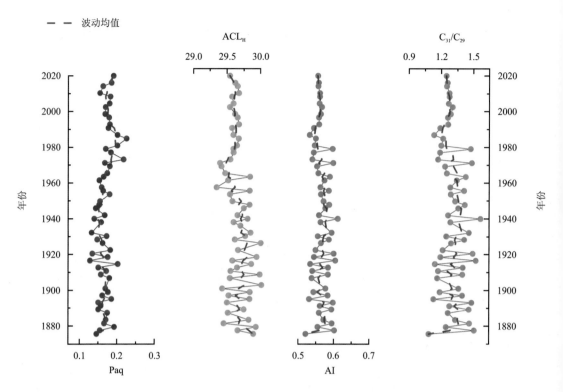

图 3.9　LJZB01 沉积柱正构烷烃植被变化相关指标的分布特征

3.1.3　脂肪酸组成与分布特征

沉积柱中脂肪酸的分布特征如图 3.10 所示,通过测试发现沉积柱中脂肪酸的种类较为丰富,飞云江口 WDZB01 站位柱状沉积物共检测出 34 种脂肪酸。其中,含量(质量浓度,后同)最高的是短链脂肪酸($C_{14} \sim C_{20}$),含量为 $(261.4 \sim 10\ 840.0) \times 10^{-9}$,占脂肪酸总含量的 66.8%;其次是长链脂肪酸($C_{21} \sim C_{34}$),含量为 $(122.2 \sim 1\ 243.6) \times 10^{-9}$,占脂肪酸总含量的 23.7%;再次是异构与反异构脂肪酸,含量为 $(16.8 \sim 3\ 079.7) \times 10^{-9}$,占脂肪酸总含量的 9.1%;含量最低的是短链不饱和脂肪酸,含量为 $(0 \sim 189.9) \times 10^{-9}$,占脂肪酸总含量的 0.4%。象山港湾 LJZB01 站位柱状沉积物共检测出 38 种脂肪酸,其中,含量最高的是短链脂肪酸($C_{12} \sim C_{20}$),含量为 $(23.8 \sim 3\ 338.7) \times 10^{-9}$,占脂肪酸总含量的 69.4%;其次是长链脂肪酸($C_{21} \sim C_{34}$),含量为 $(18.6 \sim 510.9) \times 10^{-9}$,占脂肪酸总含量的 20.9%;再次是异构与反异构脂肪酸,含量为 $(2.3 \sim 377.9) \times 10^{-9}$,占脂肪酸总含量的 8.8%;含量最低的是短链不饱和脂肪酸,含量为 $(0.4 \sim 53.5) \times 10^{-9}$,占脂肪酸总含量的 0.9%。所有脂肪酸中 $C_{16:0}$ 含量最丰富,其次是 $C_{18:0}$,这两种脂肪酸在水生生物源(藻类/细菌)中占优势,这一结果与长江口沉积物中含有 $36\% \sim 44\%$ 的 $C_{16:0}$ 是一致的(Liu et al.,2006)。

从图 3.10 可以看出,以 C_{20} 为分界的饱和直链脂肪酸的分布显示,飞云江口 WDZB01 站位柱状沉积物和象山港湾 LJZB01 站位柱状沉积物中的脂肪酸均分布在 $C_{12} \sim C_{34}$ 之间,呈双峰型分布,后峰群($C_{21} \sim C_{34}$)主碳峰为 $C_{24:0}$,且前锋群强度要大于后峰群。

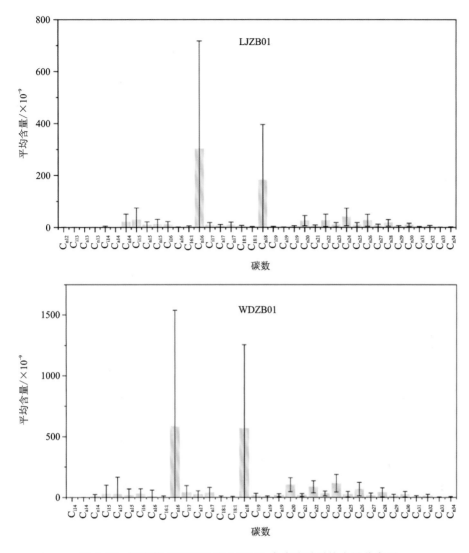

图 3.10　沉积柱 WDZB01 和 LJZB01 中脂肪酸平均含量分布图

飞云江口 WDZB01 站位柱状沉积物中 4 类脂肪酸含量变化趋势大致相同,在 1990 年前,脂肪酸的总含量一直保持低值,为$(411.1\sim3\ 281.2)\times10^{-9}$,平均值为 $1\ 310.5\times10^{-9}$。其中短链脂肪酸的变化幅度相对最大,其他几种类型的脂肪酸的变化幅度都非常小,且只有个别层位含有异构、反异构和不饱和脂肪酸。在 1990 年后,脂肪酸的总含量开始迅速增加,为$(738.9\sim5\ 514.6)\times10^{-9}$,平均值为 $2\ 920.8\times10^{-9}$。长链脂肪酸含量与短链脂肪酸含量之比(H/L)变化范围为 $0.1\sim0.9$,平均值为 0.5;优势脂肪酸之比(TAR)的变化范围为 $0.1\sim1.7$,平均值为0.6。H/L 值和 TAR 值变化趋势相同,二者存在一定的正相关关系($R=0.86$),在 1955—1980 年间呈升高趋势,1980 年后逐渐下降(图 3.11)。

象山港湾 LJZB01 站位柱状沉积物中 4 类脂肪酸含量变化趋势大致相同,在 1955 年前,脂肪酸的总含量一直保持低值,为$(65.7\sim4\ 034.4)\times10^{-9}$,平均值为 408.08×10^{-9}。在 1955 年后,脂肪酸的总含量开始波动增加,为$(45.1\sim3\ 365.7)\times10^{-9}$,平均值为 $1\ 161.8\times10^{-9}$。

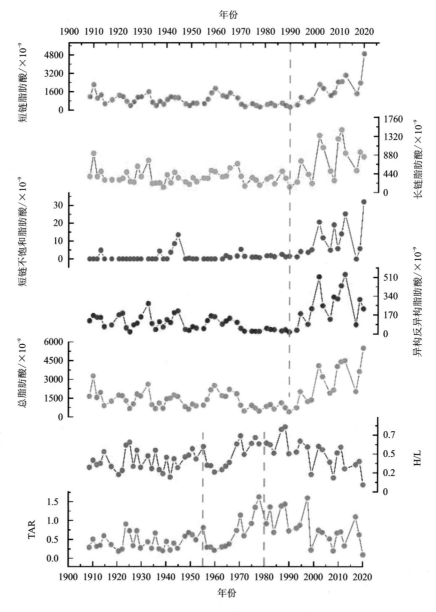

图 3.11　WDZB01 沉积柱中脂肪酸的分布特征

H/L 值变化范围为 0.08～1.4,平均值为 0.5;TAR 值的变化范围为 0.04～2.1,平均值为 0.58。H/L 值和 TAR 值变化趋势相同,二者存在一定的正相关关系($R=0.98$),在本研究期间呈波动降低趋势(图 3.12)。

飞云江口 WDZB01 站位柱状沉积物中长碳链碳优势指数 CPI_H、硅藻指数 $\Sigma C_{16}/\Sigma C_{18}$ 比值和 C_{i17} 相对含量的分布特征如图 3.13 所示。CPI_H 指数变化范围为 2.53～4.04,平均值为 3.24,随时间变化呈减少趋势;$\Sigma C_{16}/\Sigma C_{18}$ 比值范围为 0.2～2.2,平均值为 1.0,在 1965—1980 年间迅速下降,然后无明显增长或减少趋势;C_{i17} 相对含量变化范围为 0.01～0.04,平均值为

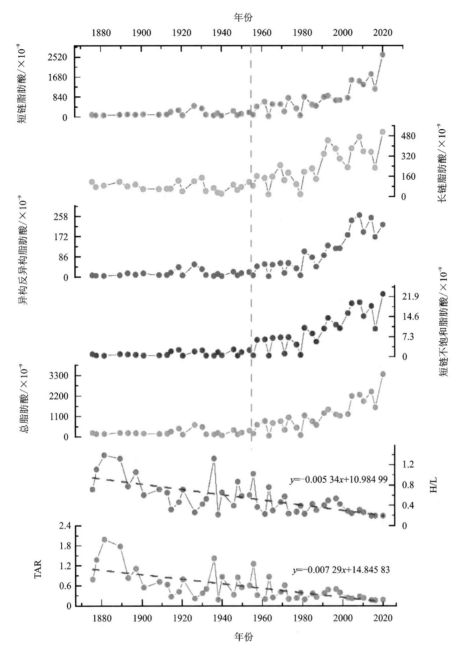

图 3.12 LJZB01 沉积柱中脂肪酸的分布特征

0.02，在 1990 年前无明显趋势性变化，1990 年后整体有增长趋势。

象山港湾 LJZB01 站位柱状沉积物中长碳链碳优势指数 CPI_H、硅藻指数 $\Sigma C_{16}/\Sigma C_{18}$ 值和 C_{i17} 相对含量的分布特征如图 3.14 所示。CPI_H 指数变化范围为 2.94～3.76，平均值为 3.30，随时间变化呈减少趋势；$\Sigma C_{16}/\Sigma C_{18}$ 比值范围为 0.8～3.0，平均值为 1.5，整体呈轻微增长趋势；C_{i17} 相对含量变化范围为 0.01～0.02，平均值为 0.01，整体呈轻微增长趋势。

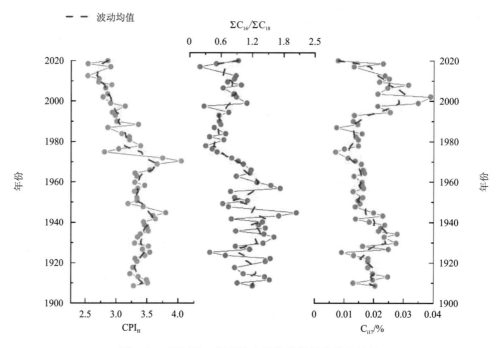

图 3.13 WDZB01 沉积柱中脂肪酸指标的分布特征

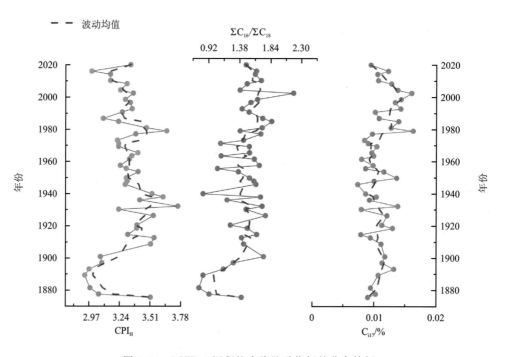

图 3.14 LJZB01 沉积柱中脂肪酸指标的分布特征

3.1.4 GDGT 组成与分布特征

象山港 LJZB01 站位柱状沉积物中 GDGTs 各组分的平均值以 isoGDGTs 的 Crenarchaeol 含量最高,同时也是 GDGTs 中丰度最大的化合物,平均含量为 1.54×10^{-9};其次是 brGDGTs 中的 GDGT-Ia 化合物,平均值为 0.84×10^{-9};isoGDGTs 中的 GDGT-0 平均含量为 0.73×10^{-9};而 brGDGTs 中的 GDGT-Ⅲb 和 GDGT-Ⅲc 化合物含量较低(图 3.15)。

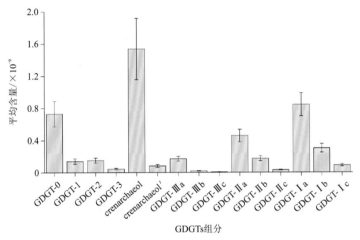

图 3.15　LJZB01 站位沉积物 GDGTs 各组分平均含量

垂直分布上,GDGTs 总含量变化范围在 $(0.21 \sim 32.4) \times 10^{-9}$ 之间,沉积柱中 isoGDGTs 化合物和 brGDGTs 化合物整体变化趋势与总 GDGTs 相一致,表现为沉积底层含量相对较大,波动明显,而沉积中上层含量较低,波动较小(图 3.16)。变化趋势为自沉积开始至约 1930 年 GDGTs 含量逐渐降低,1930—1980 年 GDGTs 含量处于较稳定的低浓度范围,约 1980 年后含量有增大的趋势。

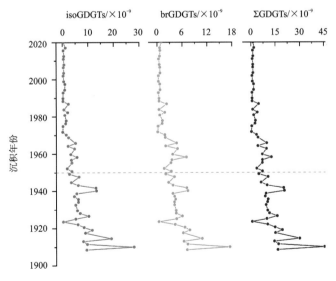

图 3.16　LJZB01 站位沉积物 GDGTs 含量随时间分布图

飞龙江口 WDZB01 站位沉积柱 GDGTs 各化合物的平均含量如图 3.17 所示。所检测的 15 种化合物以 isoGDGTs 的 Crenarchaeol 化合物丰度最大,平均含量为 2.53×10^{-9};其次是 brGDGTs 中的 GDGT-Ia 化合物,含量平均值为 1.56×10^{-9};而 isoGDGTs 中的 GDGT-0 化合物平均含量为 1.35×10^{-9};含量较低的为 brGDGTs 中的 GDGT-Ⅲb 和 GDGT-Ⅲc 组分。

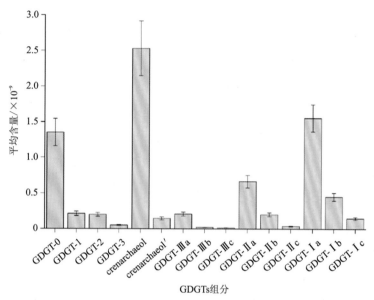

图 3.17　WDZB01 站位沉积物 GDGTs 各组分平均含量

在垂直分布上(图 3.18),沉积柱 GDGTs 总含量变化范围在 $(0.23 \sim 45.5) \times 10^{-9}$ 之间,isoGDGTs 组分和 brGDGTs 组分整体变化趋势与 GDGTs 总含量变化趋势相一致,表现为沉积下半段含量相对较高且波动明显,而沉积上半段含量较低且波动较小。变化趋势:自沉积开始至约 1924 年,GDGTs 随深度减小而含量明显降低;1924—1970 年,GDGTs 含量具有随深度减小而缓慢降低的变化趋势;1970 年后,沉积表层含量较低,且维持在稳定的低浓度范围。

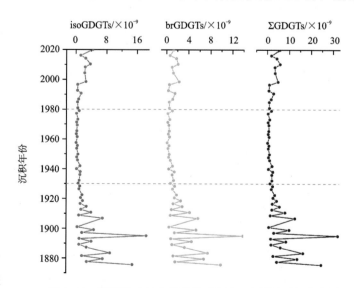

图 3.18　WDZB01 站位沉积物 GDGTs 含量随时间分布图

3.1.5　醇类化合物组成与分布特征

在象山港 LJZB01 站位柱状沉积物中主要检测到了直链烷基醇、甾醇和长链二醇 3 类醇类化合物。

直链烷基醇共检测出 18 种组分,各组分的平均含量分布如图 3.19 所示,含量变化范围在 $(0.2\sim27.0)\times10^{-9}$ 之间,碳数分布在 $n\text{-}C_{15}\sim n\text{-}C_{32}$ 之间,具有明显的偶数碳优势,以长碳链 $(>n\text{-}C_{20})$ 为主。短链直链醇以 $n\text{-}C_{18}$、$n\text{-}C_{20}$ 为主碳峰,长链直链醇以 $n\text{-}C_{24}$、$n\text{-}C_{26}$、$n\text{-}C_{28}$ 为主碳峰。

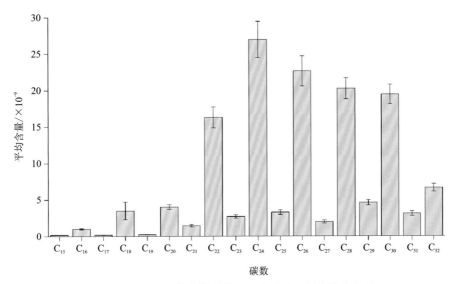

图 3.19　LJZB01 站位沉积物直链烷基醇各组分平均含量

甾醇主要检测出 7 种类别,分别为谷甾醇、甲藻甾醇、豆甾醇、二氢胆固醇、胆固醇、菜籽甾醇以及粪甾醇(图 3.20),总含量为 $(6.53\sim76.08)\times10^{-9}$。其中谷甾醇占比最大,占总甾醇的 35.26%,含量为 $(1.40\sim28.87)\times10^{-9}$;甲藻甾醇含量在 $(1.76\sim21.98)\times10^{-9}$ 之间,平均占比 27.11%;豆甾醇占总甾醇的 12.54%,含量范围为 $(0.78\sim13.20)\times10^{-9}$;二氢胆固醇在总甾醇中平均约占 11.60%,含量为 $(0.86\sim12.54)\times10^{-9}$;胆固醇含量在 $(0.14\sim22.55)\times10^{-9}$ 之间,平均占比约 6.79%;菜籽甾醇约占总甾醇的 4.28%,含量范围在 $(0.13\sim3.79)\times10^{-9}$ 之间;粪甾醇所占比例最小,平均占比约 2.42%,含量为 $(0.07\sim2.86)\times10^{-9}$。

飞云江口 WDZB01 站位柱状沉积物中醇类化合物主要检测到了直链烷基醇、甾醇、长链二醇 3 类。

直链烷基醇共检测出 19 种组分(图 3.21),各组分的平均含量变化范围在 $(0.1\sim77.2)\times10^{-9}$ 之间,碳数范围主要在 $n\text{-}C_{14}\sim n\text{-}C_{32}$ 之间,具有较明显的偶碳数优势,主要以长链直烷醇 $(>n\text{-}C_{20})$ 为主。短链直烷醇以 $n\text{-}C_{20}$ 为主峰,长链直烷醇则以 $n\text{-}C_{24}$、$n\text{-}C_{26}$ 为主峰。

甾醇主要检测出粪甾醇、胆固醇、二氢胆固醇、菜籽甾醇、豆甾醇、谷甾醇以及甲藻甾醇 7 种化合物(图 3.22),总含量为 $(7.99\sim356.51)\times10^{-9}$。甲藻甾醇在总甾醇中占比最大,约占 28.42%,含量为 $(0.65\sim106.55)\times10^{-9}$;谷甾醇含量在 $(1.11\sim84.69)\times10^{-9}$ 之间,平均占比

27.09%；二氢胆固醇占总甾醇的 20.00%，含量范围在(3.15～65.34)×10⁻⁹之间；胆固醇在总甾醇中平均约占 8.22%，含量为(0.29～42.03)×10⁻⁹；菜籽甾醇占总甾醇约 7.41%，含量范围在(0.31～25.34)×10⁻⁹之间；豆甾醇含量在(0.17～28.08)×10⁻⁹之间，平均占比约7.44%；占比最少的为粪甾醇，平均占比约 1.42%，含量为(0.18～4.76)×10⁻⁹。

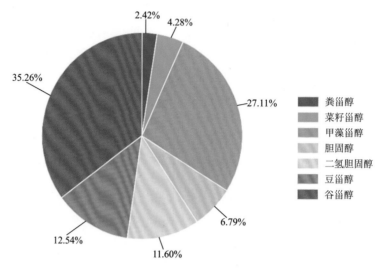

图 3.20　LJZB01 站位沉积物各甾醇化合物占比

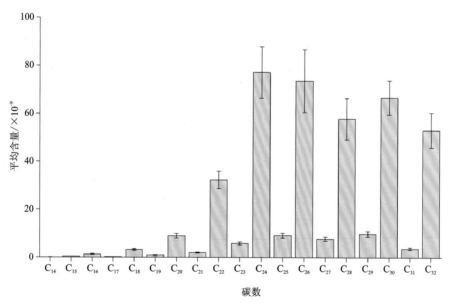

图 3.21　WDZB01 站位沉积物直链烷基醇各组分平均含量

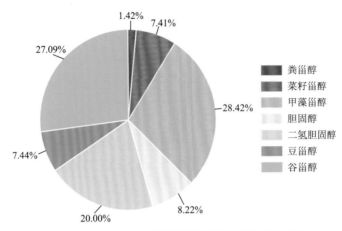

图 3.22　WDZB01 站位沉积物各甾醇化合物占比

3.2　有机质来源及生态环境变化解析

3.2.1　C/N 和 δ^{13} C 指示有机质来源

沉积物中总氮包含总有机氮（total oxygen nitrogen，TON）和总无机氮（total inorganic nitrogen，TIN）两种形式的氮，总有机氮基本上与沉积物有机质来源一致，而无机氮则主要来源于水体中的一些含氮化合物与细颗粒物质对 NH_4^+ 的吸附（Müller et al.，1997）。用 C/N 值指示物质来源时，应考虑样品中无机氮含量大小的影响。尤其是 TOC 含量较低时，样品中的 TIN 可能影响 C/N 判断沉积物中有机质的来源（陈彬等，2011；Goñi et al.，1998）。通过建立 TN 与 TOC 的一元线性回归方程，若 TOC 与 TN 呈正相关，截距即可被认为是总无机氮（Goñi et al.，2005）。在本研究中，两根沉积柱的 TOC 与 TN 之间均具有显著相关性，分别为 $R^2 = 0.73$ 和 $R^2 = 0.74$（图 3.23），且象山港湾内 LJZB01 站位存在明显的截距，表明本站位总无机氮含量较高。飞云江口 WDZB01 站位截距为 0.006，反映出 TIN 含量很低，说明象山港湾区域受到总无机氮的影响较明显，飞云江口区域无明显影响。

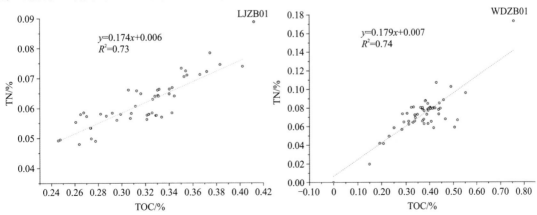

图 3.23　WDZB01 和 LJZB01 柱状沉积物中 TOC 和 TN 的相关性分析

　　高等植物组织由于不含氮的生物大分子占主导优势,因此具有富碳特征,C/N 值在 20～500 范围内(Hedges et al.,1997)。由于微生物的降解作用,土壤有机碳的 C/N 值大约是 10 (Wu et al.,2007),大多数由长江输入的物质来自土壤,其 C/N 值范围是 10～15(Zhang et al.,2007)。浮游植物是海洋环境中有机物的主要来源,与陆源物质相比其 C/N 值较低,在东海海域,浮游植物的 C/N 值在 3～8 之间(Zhang et al.,2007)。本研究中,象山港湾内 LJZB01 站位柱状沉积物(2.9<C/N<7.4,C/N 平均值为 4.6)有机质来源主要为浮游植物,1870—1950 年间有机质来源较为稳定(C/N 方差为 0.3,平均值为 4.0),在 1950—1980 年期间陆源有机质比重逐渐增大(C/N 方差为 1.2,平均值为 5.3),在 1980 年后海源有机质比重逐渐增大(图 3.1)。飞云江口 WDZB01 站位柱状沉积物(3.6<C/N<8.7,C/N 平均值为 5.3)有机质来源主要为浮游植物,1909—1955 年间有机质来源较为稳定(C/N 方差为 0.4,平均值为 5.0),在 1955—1985 年期间陆源有机质比重逐渐增大(C/N 方差为 1.6,平均值为 6.6),在 1985 年后海源有机质比重逐渐增大(C/N 方差为 0.5,平均值为 4.7)(图 3.2)。

　　$\delta^{13}C$ 是用来指示有机碳来源的另一指标(Hedges et al.,1997)。大多数陆源有机物(C_3 植物)的 $\delta^{13}C$ 值在 -28‰～-25‰之间,而海洋浮游植物的 $\delta^{13}C$ 值在 -22‰～-19‰之间;C_4 维管植物的 $\delta^{13}C$ 值大约为 -12‰(Fry and Sherr,1989),而 C_4 植物对长江流域总植被的贡献小于 0.2%。在长江流域,颗粒物的 $\delta^{13}C$ 值在 -29.7‰～-27.7‰之间变化,中国东海的变化范围在 -21‰～-19‰之间(Zhang et al.,2007)。受陆海相互作用的影响,近岸海域有机质的来源一般表现出海源和陆源混合的特性(Peterson and Howarth,1987;Thornton and McManus,1994)。在本研究中,象山港湾内 LJZB01 站位柱状沉积物(-22.7‰<$\delta^{13}C$<-22.0‰,$\delta^{13}C$ 平均值为 -22.2‰)有机质来源主要为海陆混合来源,1870—1950 年期间有机质来源较为稳定($\delta^{13}C$ 方差为 0.01,平均值为 -22.2‰),在 1950—1980 年期间陆源有机质比重逐渐增大($\delta^{13}C$ 方差为 0.04,平均值为 -22.4‰),在 1980 年后海源有机质比重逐渐增大($\delta^{13}C$ 方差为 0.02,平均值为 -22.2‰)(图 3.1)。除去 1972 年和 1988 年的明显低值,飞云江口 WDZB01 站位柱状沉积物(-23.7‰<$\delta^{13}C$<-22.4‰,$\delta^{13}C$ 平均值为 -23.0‰)有机质主要为海陆混合来源。在本研究时期内,海源有机碳输入比重逐渐增大,1972 年和 1988 年的两个低值可能是受台风、洪水等极端水文事件影响,导致陆源输入有机质含量上升(图 3.2)。

　　一般而言,C/N 常结合 $\delta^{13}C$ 用于区分有机质来源(王越奇等,2018)。长江河流输入陆源有机质、东海浮游植物以及本研究中沉积物的 C/N-$\delta^{13}C$ 组成如图 3.24 所示。本研究中沉积物的投值点基本位于两个端元之间,相较于飞云江口 WDZB01 站位柱状沉积物,象山港湾内 LJZB01 站位柱状沉积物的投值点与东海浮游植物端元更接近。因此,海源有机质和陆源有机质混合输入是象山港湾 LJZB01 站位和飞云江口 WDZB01 站位柱状沉积物有机质的主要来源,并且象山港湾 LJZB01 站位柱状沉积物的海源有机质输入大于飞云江口 WDZB01 站位柱状沉积物。

　　尽管 $\delta^{13}C$ 和 C/N 指示两个站位的有机质输入变化走向大致吻合,但 $\delta^{13}C$ 指示的陆源有机质输入更多。由于两根沉积柱的 TOC 含量较低,且受到无机氮的影响,导致 WDZB01 站

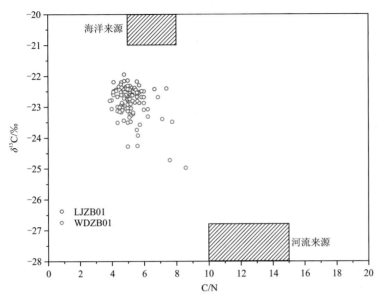

图 3.24 LJZB01 及 WDZB01 柱状沉积物中 $\delta^{13}C$ 和 C/N 的相互关系(端元值据 Wu et al.,2013)

位沉积柱和 LJZB01 站位沉积柱 C/N 与 $\delta^{13}C$ 的垂直变化相关性不明显($R=-0.23$;$R=-0.59$),因此本研究利用 $\delta^{13}C$ 的两端元计算模型对研究区域有机碳来源贡献率进行定量估算,其两端元计算模型为(刘亚娟,2012;Liu et al.,2006)

$$\%TOC_{terrestrial} = (\delta^{13}C_{sample} - \delta^{13}C_{marine})/(\delta^{13}C_{terrestrial} - \delta^{13}C_{marine}) \times 100\% \qquad (3.1)$$

$$\%TOC_{marine} = 1 - \%TOC_{terrestrial} \qquad (3.2)$$

式(3.1)(3.2)中:

$\delta^{13}C_{sample}$——所测样品的 $\delta^{13}C$ 值;

$\delta^{13}C_{marine}$——海源有机质端元值(根据前人研究结果取$-19.5‰$)(Liu et al.,2006);

$\delta^{13}C_{terrestrial}$——陆源有机质端元值(根据前人研究结果取$-27.1‰$)(Liu et al.,2006)。

象山港湾内 LJZB01 站位柱状沉积物的 $\delta^{13}C$ 值两端元模型计算结果如图 3.25 所示。计算结果表明,LJZB01 站位沉积物中陆源有机碳贡献率在 32%～42% 之间,平均值为 36%,海源有机碳贡献率在 58%～67% 之间,平均值为 64%。$\%TOC_{marine}$ 始终大于 $\%TOC_{terrestrial}$,表明象山港湾沉积物的有机碳主要为海洋自生输入。1950—1990 年,$\%TOC_{terrestrial}$ 呈增大趋势,$\%TOC_{marine}$ 呈减小趋势,表明在此期间象山港湾沉积物陆源有机质贡献增加,但仍然以海源有机质贡献为主。

飞云江口 WDZB01 站位柱状沉积物的 $\delta^{13}C$ 值两端元模型计算结果如图 3.26 所示。计算结果表明,WDZB01 站位沉积物中陆源有机碳贡献率达 38%～63%,海源有机碳贡献率达 37%～62%,表明飞云江口沉积物的有机碳为海陆源混合输入。$\%TOC_{terrestrial}$ 呈波动减小趋势,$\%TOC_{marine}$ 呈波动增大趋势,$\delta^{13}C$ 不受有机质分解的影响,因此可以认为在本研究时期内,飞云江口沉积柱中海源有机质的比例逐渐升高,而陆源有机质的比例逐渐降低。

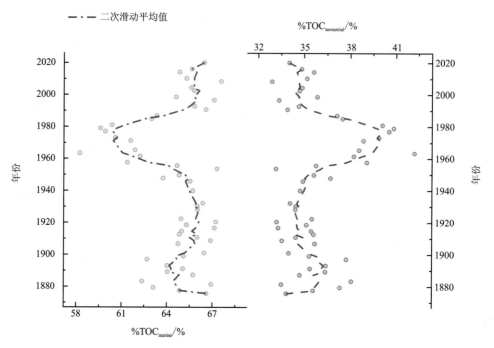

图 3.25　LJZB01 柱状沉积物中陆源和海源有机质贡献率

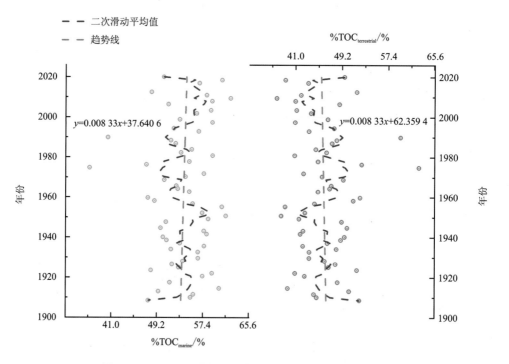

图 3.26　WDZB01 柱状沉积物中陆源和海源有机质贡献率

3.2.2　正构烷烃指示有机质来源

海洋沉积物中的正构烷烃通常来自陆源和海洋自生有机质的混合输入。不同来源的正构烷烃具有不同的组成及分布,因此,正构烷烃可用作分子示踪剂,用于示踪沉积物中有机质的来源,反映其沉积过程(刘畅,2018)。

一般而言,高碳数的正构烷烃主要来源于陆源高等植物叶蜡,海洋浮游藻类自生的正构烷烃以 C_{15}、C_{17} 和 C_{19} 为主,同时具有明显的奇碳优势,而细菌作用或石油类输入的正构烷烃则不具有明显的奇碳优势(赵美训等,2011),因此碳优势指数可以辅助判别沉积物中有机质的来源。

飞云江口 WDZB01 沉积物和象山港湾 LJZB01 沉积物中正构烷烃碳数范围均为 $C_{19} \sim C_{35}$,且具有明显的奇偶优势。两根沉积柱中正构烷烃 C_{27}、C_{29}、C_{31} 的含量明显高于其他碳数含量,优势峰为 C_{31}(图 3.3),表明陆源高等植物叶蜡是飞云江口 WDZB01 站位和象山港湾 LJZB01 站位柱状沉积物中正构烷烃的主要来源。但可能由于短链易降解,两根沉积柱中的短链正构烷烃均未完全检出,这导致利用正构烷烃及其指标估算有机质来源时可能会高估其陆源输入。

飞云江口 WDZB01 柱状沉积物正构烷烃总含量在 1980—2000 年间呈降低趋势,此时长江流域开始修建大型水利设施,推测是水利设施对陆源物质的阻碍作用导致此时期正构烷烃总含量下降;2000 年后正构烷烃总含量随时间变化缓慢升高,可能与温州地区经济高速发展、人口大量增加以及海上活动日益扩大有关。

正构烷烃的碳优势指数 CPI 可以用来指示沉积有机质中不同生物来源物质输入的贡献量。CPI 值越大,表明正构烷烃的奇偶优势越明显(刘畅,2018)。此外,较高的 CPI 值(CPI >3)指示来自高等维管植物的长链正构烷烃,而较低的 CPI 值(CPI 接近于 1)可能意味着沉积物降解和成熟有机质输入。飞云江口 WDZB01 站位沉积物中后峰群长链正构烷烃具有明显的奇碳数优势(CPI_H 平均值为 7.3),表明沉积柱中高碳数正构烷烃主要来源于陆源高等植物输入。由于 CPI_H 仅是特定范围内的奇偶优势指数,无法将它用作相对输入定量计算的依据。奇偶优势指数 OEP 可以反映有机质的成熟度。成熟度越高,正构烷烃在成岩过程中越易失去特定的奇偶优势。现代沉积物的 OEP 值多在 1.6 以上,原油的则为 1.0 左右,所以沉积物由于石油烃的存在会导致该参数值降低(刘明等,2015)。飞云江口 WDZB01 站位沉积物垂直分布上变化较大,但都大于 1.6,所以各深度样品没有受到石油的污染(图 3.27)。

TAR 可以用于指示陆/海源输入有机质的相对贡献,由于东海近岸浅水区水动力条件复杂,为了消除沉积速率和粒度的影响,采用 $\Sigma TALK$ 与 $\Sigma MALK$ 含量比值(简称 $\Sigma T/\Sigma M$),以便能够更加准确地评估沉积有机质来源。在本研究时间尺度范围内,$\Sigma T/\Sigma M$ 值呈缓慢上升趋势,且 $\Sigma T/\Sigma M$ 值远大于 1,所以飞云江口 WDZB01 站位沉积物中正构烷烃主要来源于陆源有机质。2000 年后 $\Sigma T/\Sigma M$ 值快速上升,与正构烷烃总含量的分布情况一致(图 3.27),可能与温州地区经济高速发展、人口大量增加以及海上活动日益扩大有关。

正构烷烃水生植物贡献比例指标 Paq 可用于区分各种水生植物,来源于陆地维管植物、浮水植物以及海洋大型植物的正构烷烃的 Paq 值往往有所差异。其中,当 Paq 值在 0.01 ~

0.25之间时,表明正构烷烃来源于陆源高等植物;当 Paq 值在 0.4~0.6 之间时,则说明正构烷烃是由浮水植物合成的;当 Paq>0.6 时,指示着正构烷烃主要来源于淡水及海洋大型植物。在本研究期间,飞云江口 WDZB01 站位(0.14<Paq<0.23,Paq 平均值为 0.18)沉积物中正构烷烃的输入均以陆源高等植物为主(图 3.27,表 3.1)。

后峰群长链正构烷烃平均链长 ACL_H 和烷烃指数 AI 常常用于区分沉积区域的陆源植被类型,不同种类的陆源植被所产生的长链构烷烃在优势峰上有所差别,一般情况下 C_{27}、C_{29} 为木本植物正构烷烃的优势峰,而草本植物则多以 C_{31} 为优势峰,且 ACL_H 值越大,表明沉积区域草本植被占主要地位,相反 ACL_H 值越小,表明木本植被更多。飞云江口 WDZB01 站位 ACL_H 值较为稳定,整体呈轻微增长趋势,指示该研究区域植被类型较为稳定,结合 AI 值说明研究海域所在区域的陆源输入植被主要为草本植物(图 3.6,表 3.1)。

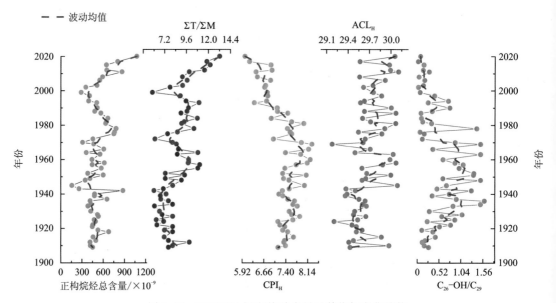

图 3.27　WDZB01 沉积柱总含量及其指标变化趋势

表 3.1　WDZB01 沉积柱中正构烷烃指标的变化范围及平均值

参数	CPI_H	Paq	ACL_H	AI	$C_{26}-OH/C_{29}$
最小值	5.2	0.14	29.2	0.50	0.02
最大值	8.3	0.23	30.1	0.62	1.60
平均值	7.3	0.18	29.7	0.56	0.70

象山港湾 LJZB01 站位柱状沉积物正构烷烃总含量在 1955—1990 年间呈增大趋势。研究表明:1950 年后,象山港开始大规模的围填海工程,导致入海有机质增多;1980 年后,正构烷烃总含量快速增长,此时工农业得到全面发展,人类流域活动加强,耕地开垦和森林砍伐等现象导致水土流失加剧,土壤侵蚀总量增加,陆源有机质含量增加;1990 年后,正构烷烃总含

量随时间变化缓慢下降,可能与流域建库及植被条件的改善有关,此时期江河输沙量和含沙量均呈现大幅度减小态势,陆源输入快速降低,陆源有机质含量下降。

象山港湾 LJZB01 站位柱状沉积物中后峰群长链正构烷烃具有明显的奇碳数优势(CPI$_H$平均值为 8.6),表明沉积柱中高碳数正构烷烃主要来源于陆源高等植物输入。由于 CPI$_H$ 仅是特定范围内的奇偶优势指数,无法将它用作相对输入定量计算的依据。象山港湾 LJZB01 站位沉积物正构烷烃 OEP 值在垂直分布上变化较大,但都大于 1.6,因此,本站位样品没有受到石油的污染(图 3.28)。在本研究范围内,ΣT/ΣM 值变化情况与正构烷烃总含量相似,在 1955—1990 年间呈增大趋势,1990 年后开始缓慢下降,但 ΣT/ΣM 值远大于 1(图 3.28),说明象山港湾 LJZB01 站位沉积物中正构烷烃主要来源于陆源有机质。1955—1990 年间,大规模的围填海工程和耕地开垦导致陆源有机质输入增多;1990 年后流域建库及植被条件的改善导致陆源有机质输入减少,但由于港外岛屿的阻挡作用,象山港和边缘海之间物质和能量交换受限,水体调节作用弱,前期输入湾内的陆源有机质在水体中富集,水体富营养化严重。1980 年象山港开始大规模海水养殖,产生的大量海源污染物也会导致沉积物中海源有机质含量增加。

象山港湾 LJZB01 站位柱状沉积物(0.13<Paq<0.23,Paq 平均值为 0.17)正构烷烃的输入均以陆源高等植物为主(图 3.9,表 3.2)。且 ACL$_H$ 值较为稳定,无明显变化趋势(图 3.28),指示该研究区域植被类型较为稳定,结合 AI 值说明研究海域所在区域的陆源输入植被主要为草本植物(图 3.9,表 3.2)。

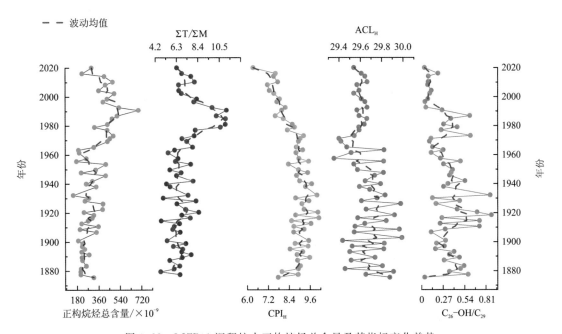

图 3.28　LJZB01 沉积柱中正构烷烃总含量及其指标变化趋势

表 3.2　LJZB01 沉积柱中正构烷烃指标的变化范围及平均值

参数	CPI_H	Paq	ACL_H	AI	$C_{26}-OH/C_{29}$
最小值	4.8	0.13	29.4	0.52	0.036
最大值	10.1	0.23	30.0	0.61	0.878
平均值	8.6	0.17	29.7	0.57	0.317

3.2.3　脂肪酸指示有机质来源

研究发现,海洋微藻类主要产生 $n\text{-}C_{14:0}$、$n\text{-}C_{16:0}$ 和 $n\text{-}C_{18:0}$ 等低偶碳链正构脂肪酸化合物,$C_{16:1}$ 主要来源于海洋硅藻产生的脂肪酸,中长链的正构脂肪酸(包括 $n\text{-}C_{20}$、$n\text{-}C_{22}$、$n\text{-}C_{24}$ 等)指示陆源高等植物的输入,海洋细菌所合成的脂肪酸类型有短链脂肪酸、异构和反异构脂肪酸等(Johns et al.,1994;Sun and Wakeham,1994)。

本研究中脂肪酸按碳链长度可分为中等链长脂肪酸(碳链长度≤20)和长链脂肪酸(碳链长度＞20)。从脂肪酸分布图(图 3.10)可以明显看出,以 C_{20} 为分界的饱和直链脂肪酸的分布显示飞云江口 WDZB01 站位沉积物和象山港湾 LJZB01 站位沉积物中的脂肪酸均分布在 C_{12}～C_{34} 之间,呈双峰型分布,显示出海陆混合输入的特征。前峰(C_{14}～C_{20})主峰碳数为 C_{16},后峰(C_{21}～C_{34})主峰碳数为 C_{24},前峰强度大于后峰,因此推测样品中脂肪酸主要来源于海洋微藻类,少部分来源于陆源高等植物输入和细菌。

脂肪酸的长碳链碳优势指数 CPI_H 可以用来指示沉积有机质中长链脂肪酸的来源。CPI_H 值越大,表明长链脂肪酸的奇偶优势越明显,陆源输入有机质贡献率更大。飞云江口 WDZB01 站位柱状沉积物($2.54<CPI_H<5.85$,CPI_H 平均值为 3.27;表 3.3)后峰群长链脂肪酸具有明显的偶碳数优势。在本研究期间,飞云江口 WDZB01 站位柱状沉积物 CPI_H 值呈缓慢降低趋势(图 3.13),指示研究区域长链脂肪酸陆源输入有机质贡献逐渐降低。

H/L 可以指示双峰型分布中短链脂肪酸的优势,飞云江口 WDZB01 站位柱状沉积物(H/L 平均值为 0.46)的 H/L 值的平均值较小(＜1),说明沉积柱中长链脂肪酸所占比例较低(图 3.11),对脂肪酸总含量的影响很小,来源于海源的脂肪酸含量高于陆源有机质中脂肪酸的量,这与 $\delta^{13}C$ 两端元模型和 C/N 所得结果是一致的。1909—1980 年间,H/L 值呈缓慢上升趋势,表明陆源有机质输入贡献上升。1980 年后,H/L 值快速下降,指示陆源有机质输入贡献降低,可能与水利设施的修建有关。

$\Sigma C_{16}/\Sigma C_{18}$ 作为硅藻指数指示硅藻对有机质的贡献趋势。$C_{20:5}$、$C_{16:1\omega7}$ 等脂肪酸虽可作为硅藻的标志物(Lebreton et al.,2011),但单体脂肪酸含量影响因素众多,很难直接指示沉积物中硅藻的贡献。Zhukova and Aizdaicher(1995)提出以 $C_{16:1}/C_{16:0}>1.6$ 作为硅藻占主导的标志。但 $C_{16:1}$ 作为不饱和脂肪酸易受生物地球化学过程影响,导致该比值在河口沉积中小于 1,不能反映实际情况(张传松,2008),硅藻指示参数 $\Sigma C_{16}/\Sigma C_{18}$ 减少了不饱和脂肪酸降解对分析结果的影响。飞云江口 WDZB01 站位柱状沉积物 $\Sigma C_{16}/\Sigma C_{18}$ 在 1965—1980 年迅速下降(图 3.13),表明在 1980 年后硅藻生物量下降,与东海赤潮频发的实际情况不符,推测从 1980 年后硅藻已经不再是飞云江口的赤潮优势种群。

C_{i17} 相对含量可用于估计细菌有机质的贡献,异构、反异构脂肪酸一般由细菌活动生成,也可作为细菌活动的指示。飞云江口 WDZB01 站位柱状沉积物在 1990 年后细菌活动较强,1990 年前细菌生物量明显降低。C_{i17} 相对含量与异构、反异构脂肪酸含量均存在一定的正相关性($R=0.68$),说明两种表征方法结果一致。

表 3.3　WDZB01 沉积柱中脂肪酸指标的变化范围及平均值

参数	CPI_H	H/L	TAR	$\Sigma C_{16}/\Sigma C_{18}$	$C_{i17}\%$
最小值	2.54	0.09	0.10	0.20	0.01
最大值	5.85	0.86	1.66	2.15	0.04
平均值	3.27	0.46	0.63	1.01	0.02

象山港湾 LJZB01 站位沉积物($2.9<CPI_H<4.1$,CPI_H 平均值为 3.3)后峰群长链脂肪酸具有明显的偶碳数优势。在本研究期间,象山港湾 LJZB01 站位柱状沉积物 CPI_H 值呈缓慢降低趋势(图 3.14),指示研究区域长链脂肪酸陆源输入有机质贡献逐渐降低。象山港湾 LJZB01 站位柱状沉积物(H/L 平均值为 0.5)的 H/L 值的平均值较小(<1),说明沉积柱中长链脂肪酸所占比例较低(图 3.12),对脂肪酸总含量的影响很小,来源于海源的脂肪酸含量高于陆源有机质中脂肪酸的量,这与 $\delta^{13}C$ 两端元模型和 C/N 所得结果是一致的。在本研究期间,H/L 值呈缓慢降低趋势,说明研究区域海源有机质输入贡献逐渐上升。$\Sigma C_{16}/\Sigma C_{18}$ 平均值为 3.3,相对较高,且在本研究期间呈缓慢增长趋势,尤其在 1980 年后快速增长,这一结果与 20 世纪 80 年代后赤潮频发的实际情况相一致。象山港湾 LJZB01 站位沉积物在 1980 年后细菌活动较强,1980 年前细菌生物量轻微降低。C_{i17} 相对含量与异构、反异构脂肪酸含量均存在一定的正相关性($R=0.59$),说明两种表征方法结果一致。

表 3.4　LJZB01 沉积柱中脂肪酸指标的变化范围及平均值

参数	CPI_H	H/L	TAR	$\Sigma C_{16}/\Sigma C_{18}$	C_{i17}
最小值	2.9	0.1	0.1	0.78	0.007
最大值	4.1	1.4	2.1	2.18	0.016
平均值	3.3	0.5	0.6	1.46	0.011

为进一步界定沉积柱中脂肪酸的主要来源,将碳原子数在 14~18 之间的短链偶碳数正构脂肪酸和 $C_{16:1}$ 作为海洋藻类来源,碳数在 15~19 之间的短链奇碳数正构脂肪酸、异构、反异构脂肪酸和不饱和脂肪酸为细菌来源,碳原子数在 20~34 之间的长链偶碳数正构脂肪酸为陆地生物来源(陈立雷,2018),通过三端元图进行脂肪酸来源解析(图 3.29),结果同样显示两根沉积柱中脂肪酸的主要来源为海洋藻类,细菌和陆源贡献较少。

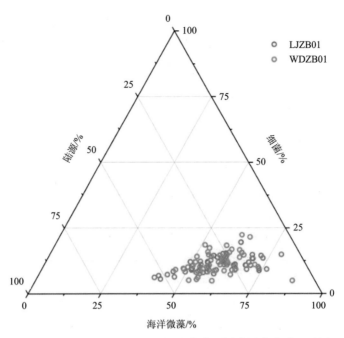

图 3.29　WDZB01 和 LJZB01 沉积柱中不同来源脂肪酸三元图

3.2.4　醇类化合物来源

象山港沉积物中醇类化合物来源丰富且复杂。

对于直链烷基醇而言，具有不同碳数优势的直链醇代表不同类型的生物输入。研究站位沉积物样品中短链直烷醇以 $n\text{-}C_{20}$ 为主峰，但 $n\text{-}C_{18}$ 的相对含量也较高，说明低碳数直链烷基醇主要来源于浮游动物和浮游藻类。沉积物中长碳链（$>n\text{-}C_{20}$）直烷醇的主碳峰为 $n\text{-}C_{24}$，且 $n\text{-}C_{22}$、$n\text{-}C_{26}$、$n\text{-}C_{28}$、$n\text{-}C_{30}$ 的相对含量均较高，说明该区域沉积物的高碳数直链烷基醇主要来源于水生大型植物和高等植物，并且也有一定的细菌来源。

甾醇在不同地质时期的组成特征具有一定的差异，据此可以用来指示同一沉积环境下的沉积物有机质来源。象山港沉积柱中的 7 种甾醇根据其特征来源划分为 3 类，其中，胆固醇是最重要的 C_{27} 甾醇，与二氢胆固醇、粪甾醇之和用于指示海洋浮游动物的输入；C_{28} 甾醇中菜籽甾醇用于指示海洋浮游植物来源；豆甾醇和谷甾醇是 C_{29} 甾醇中丰度最高的甾醇，二者之和用于指示陆源高等植物的输入。以 C_{27} 甾醇、C_{28} 甾醇和 C_{29} 甾醇为端元作图（图 3.30），可直观地辨析甾醇不同来源的贡献。由图可知，所测沉积物样品中甾醇含量分布较为集中，C_{29} 甾醇含量百分比较高，其次是 C_{27} 甾醇，C_{28} 甾醇则所占比例相对较小，表明象山港沉积物中甾醇受到陆源高等植物和海洋浮游生物的影响，以陆源输入为主。

象山港研究区域沉积脂类生物标志物 GDGTs 与醇类化合物的组成分布表明，该区域有机质主要来源于陆源物质输入，沿岸河流与长江流域均对浙江沿岸沉积有机质有一定贡献。象山港地形狭长，物质运输方向主要由湾外指向湾内，然而附近无河流发育（张兴泽，2021），因此研究区域陆源有机质主要来源于湾外淡水河流输入以及长江流域经闽浙沿岸流输送的

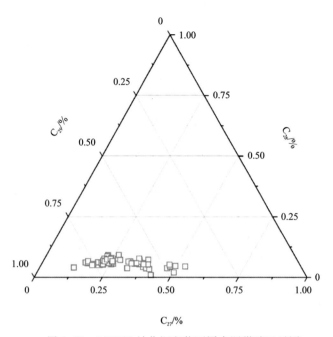

图 3.30　LJZB01 站位沉积物不同来源甾醇三元图

物质,其中附近河流的贡献相对较大。

飞云江口沉积物样品中低碳数直烷醇以 $n\text{-}C_{20}$ 为主碳峰,说明海洋浮游动物是该研究区域低碳数直链烷基醇的主要来源。沉积物中长碳链直烷醇($>n\text{-}C_{20}$)的主碳峰为 $n\text{-}C_{24}$,且 $n\text{-}C_{26}$、$n\text{-}C_{28}$、$n\text{-}C_{30}$ 和 $n\text{-}C_{32}$ 的相对含量也较高,说明沉积物中高碳数直烷醇主要来源于大型水生植物与高等植物,且细菌输入也有一定的贡献。

甾醇组分中将 C_{27} 甾醇、C_{28} 甾醇和 C_{29} 甾醇分别作为 3 个端元,作含量百分比端元图(图 3.31)。由图 3.31 可知,柱状沉积物中甾醇含量百分比的变化范围较大,不同层位的甾醇输入略有差异,以 C_{29} 甾醇和 C_{27} 甾醇占优势,而 C_{28} 甾醇所占比例较小,贡献率均小于 20%,结果表明飞云江口研究区域甾醇以陆生高等植物和海洋浮游动物为主要来源。

飞云江口研究区域沉积物中的脂类生物标志物 GDGTs 化合物与醇类化合物指示该区域沉积有机质可能最主要来源于陆源输入。浙江沿岸沉积物主要来源于

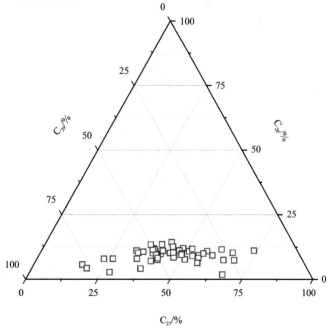

图 3.31　WDZB01 站位沉积物不同来源甾醇三元图

长江和浙江河流的输入,但由于沉积环境的差异,物质来源的贡献存在差异(张兴泽,2021)。研究区域距离沿岸陆地较近,附近发育有飞云江流系,河流陆源物质对沿岸沉积物有较大的物质贡献,因此占比较高的陆源输入物质可能主要源于周围陆地淡水体系,而非长江源有机质。

3.2.5 GDGTs 化合物及其环境指示意义

东海内陆架北部 LJZB01 站位 GDGTs 含量较低,除与本区域微生物生物量较低有关外,可能还与有机质的降解作用有关。沉积物中生物标志物的含量会受到母源生产量、早期成岩作用以及沉积速率的影响(丁玲等,2010),且不同类型的陆源有机质向海输送时在近岸海域有不同的扩散模式,土壤-微生物有机质在近岸排放后易形成胶体分散在水柱中,或易于被生物利用而降解(Yedema et al.,2023)。Damsté 等(2002)通过对比阿拉伯海沉积物中不同生物标志物的降解率,发现 GDGTs 化合物相比于烷烃化合物保存程度较低(Mollenhauer et al.,2007;Shah et al.,2008)。河流排放的 GDGTs 在口门处大部分被降解(浓度下降约95%),只有少量河流输入 GDGTs 被传输到东海陆架(Zhu et al.,2011)。研究区域水深较浅、水动力活跃、以陆源有机质为主要来源的 GDGTs 可能在运输和沉降过程中受到了较强的生物与化学降解作用,导致 GDGTs 含量偏低。

GDGTs 化合物的含量变化与沉积时期环境的变化有关,不同时期不同来源的 GDGTs 可以反映沉积环境的变化,以及微生物古菌与细菌的生长发育状况(Shintani et al.,2011)。东海北部 LJZB01 站位 GDGTs 化合物根据不同的含量变化特征可分为 3 个阶段(图3.16),isoGDGTs 组分和 brGDGTs 组分在 3 个研究时期中含量变化具有相一致的趋势。1980—2020 年期间,GDGTs 含量随时间略微增大[图 3.16(a)],该处可能与沿岸上升流的增强有关,更多深层水中的营养物质被带到了上层(García et al.,2014),极大地促进了古菌和细菌的发育。1930—1980 年期间,古菌与细菌丰度均处于较稳定的低浓度范围[图 3.16(b)],反映该时期研究区域海洋环境较为稳定,港外水体温度、海流强度等的变化对该区域的影响较小,未导致微生物丰度发生较大的变化波动,而营养物质循环较缓慢,不利于古菌和细菌的生长发育,因此含量较低。1875—1930 年期间,微生物的丰度逐渐降低[图 3.16(c)],较明显的波动性变化逐渐变为较稳定的低浓度,表明外界因素对沉积环境的影响逐渐减小,古菌与细菌的生长可能因受到环境中温度、养分浓度等因素的限制而含量降低。

东海南部飞龙江口 WDZB01 站位 GDGTs 的丰度分布可分为两个阶段(图3.18),isoGDGTs 和 brGDGTs 丰度随时间的变化趋势相一致。1950—2020 年期间,GDGTs 的含量呈波动性变化降低,1990 年后降低至较稳定的低浓度范围[图 3.18(a)],该时期人类活动对海洋环境的影响较大,受外界作用沉积环境发生改变后不利于微生物的生长,使得古菌与细菌的丰度降低。这可能与中华人民共和国成立后温州沿岸大面积的滩涂围垦工程有关,围垦养殖活动向海排放的养分物质增多,促进了海洋浮游植物的生长,吸收利用大部分的营养物质,沉积物中微生物相比之下在竞争营养物质方面不具优势。此外,围垦导致岸线向外推进,减弱了海水水动力作用,增强水体层化作用,水底出现缺氧现象,形成不利于古菌和细菌生长的环境条件,从而导致微生物含量降低(潘耀辉,2007)。1910—1950 年期间,GDGTs 含量呈波动性降低趋势[图 3.18(b)],反映沉积环境发生了改变,微生物的生长环境受外界干扰较明显,该时期影响研究区域的主要是自然环境因素,可能与海温、陆源输入等方面的变化有关,海洋环境产生了限制古菌与细菌生长的条件,从而导致丰度逐渐降低。很显然,同一时期内 isoGDGTs 相比于 brGDGTs 含量降低更明显,这可能与沉积物基质对陆源化合物的保护作用增强,因此 brGDGTs 的降解速度比 isoGDGTs 慢有关(Huguet et al.,2008)。

通常情况下,近海海域的 brGDGTs 被认为主要来源于陆地环境,而泉古菌醇(Crenarchaeol)主要产生于海洋环境,基于这一发现 Hopmans 等(2004)定义了 BIT 值[参见附录,公式(11)]作为一个量化 brGDGTs 相对丰度的指数,并作为陆源有机质输入的指标。最初的研究发现土壤及泥炭样品 BIT 值接近于 1,开阔大洋的沉积物则接近于 0,而沿海海域和湖泊沉积物中 BIT 值具有一定的变化范围。因此,高 BIT 值表示更多的土壤输入,而低 BIT 值表示海洋对沉积物的贡献更大。LJZB01 站位的 BIT 值范围在 0.26~0.79 之间,平均值为 0.57,表明陆源输入是象山港研究区域沉积物有机质主要来源。如图 3.32 所示,BIT 值于 1880—1960 年呈现出增大的变化趋势,表明在该时期具有陆地来源输入增多的特征。约 1990 年后 BIT 值具有明显的降低趋势,指示近代该区域的陆源输入的贡献逐渐减少,该时期 BIT 值变化趋势与 isoGDGTs/brGDGTs 比值[图 3.33(a)]相一致,能较好地解释陆地有机质减少导致的陆源细菌群落优势降低的现象。如图 3.32 所示,WDZB01 站位的 BIT 值在 0.36~0.80 之间,平均值为 0.52,表明飞云江口研究区域沉积物有机质来源以陆地输入为主。整体来看 BIT 值波动较小,在 20 世纪 50—80 年代该值具有先增大后减小的变化趋势,约 20 世纪 90 年代与 21 世纪初两个时期该区域 BIT 值较大。

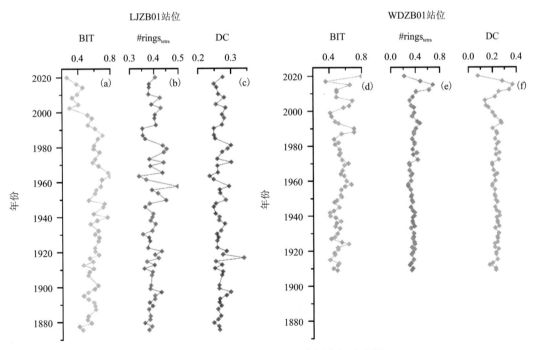

图 3.32 研究站位 brGDGTs 特征指标变化图

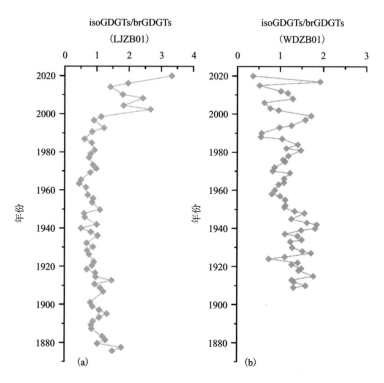

图 3.33　研究站位 isoGDGTs/brGDGTs 值变化图

近年来，较多研究发现在缺氧的水体或湖泊沉积物，或长江流域及东海近海海洋环境中都存在原位生产的 brGDGTs，由此认为水体原位自生的 brGDGTs 是沉积物中总 brGDGTs 的一个重要来源（Damsté et al.，2009；Yang et al.，2013；Li et al.，2015）。然而，也有研究显示，长江流域淡水汇入东海过程中，陆源 brGDGTs 在长江三角洲年内受到较显著的降解作用，大约 95％会被降解，且主要是原位产生的 brGDGTs 受到了降解（Zhu et al.，2011），因此认为长江流域原位产生的 brGDGTs 对河口及邻近海域的影响较小。对长江、杜罗河和蒙特戈河等的研究指出在大陆架地区具有较高的 ♯rings_{tetra} 值［参见附录，公式（12）］（Zhu et al.，2011；Zell et al.，2015）。在这些研究中，较高的 ♯rings_{tetra} 值对应较低的 BIT 值，而在 BIT 指标值较高的区域，观察到较低的 ♯rings_{tetra} 值，表明原位产生的 brGDGTs 对 BIT 指标值的贡献是微不足道的。本书研究分析发现，象山港研究站位 BIT 值和 ♯rings_{tetra} 值约在 1990 年后随时间呈轻微相反的变化趋势，可能与人类活动导致的环境变化影响了海洋自生微生物的生长和陆源有机质的输入有关。

古菌 isoGDGTs 化合物中的生物来源具有复杂性和多元性，可根据 isoGDGTs 各化合物的生物源特征，利用它们之间的比值来评估 isoGDGTs 的生物来源。GDGT-0 主要由广古菌中产甲烷古菌产生，此外还可由奇古菌及嗜甲烷古菌合成，Crenarchaeol 仅由奇古菌产生。Blaga 等（2009）提出使用 GDGT-0 和 Crenarchaeol 含量的比值［R_1，参见附录，公式（14）］作为优势古菌群变化的指标，来评估产甲烷古菌和奇古菌对 isoGDGTs 的相对贡献。比值大于 2 被认为 GDGT-0 在湖泊环境中具有重要的产甲烷古菌来源，比值小于 2 则表示产甲烷古菌在古菌群落中的贡献率较低。R_1 比值取决于温度的变化,对于奇古菌门种类 Group Ⅰ,其比值通常在 0.2～2 之间。在东海沉积物中,R_1 比值的变化范围为 0.36～1.22,同样表明产甲烷古菌的贡献较小(Lü et al.,2014)。象山港研究区域与飞云江口研究区域沉积物中 R_1 指数均远小于 2(图 3.34,表明东海近岸海域沉积物中 isoGDGT 的生物来源主要是奇古菌,其他古菌群落的贡献较小。GDGTs-1～3 化合物的生物来源有奇古菌、产甲烷古菌和泉古菌,Zhang 等(2011)提出指标[MI,参见附录,公式(15)]用来评估产甲烷广古菌 Euryarchaeota(以 GDGTs-1～3 为代表)与浮游或底栖 Crenarchaeota 及其异构体对沉积物 GDGTs 的相对贡献,当 MI 值小于 0.3 时,表明产甲烷古菌对 isoGDGT 的贡献不大,海洋沉积物中 MI 值通常较低,表明非甲烷古菌 Crenarchaeota 占主导地位。象山港站位与飞云江口站位的 MI 值在研究时期内均较小(<0.3),表明产甲烷古菌对东海近岸沉积物贡献较小,进一步表明沉积物中 isoGDGTs 主要来源于奇古菌。

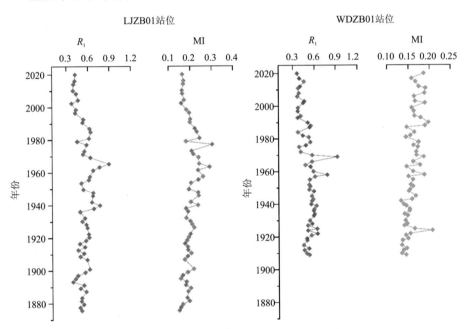

图 3.34 研究站位 isoGDGTs 特征指标变化图

3.2.6 特征醇类化合物及其生态指示意义

沉积物中甾醇的组成分布与沉积物中有机物质的来源以及沉积环境有关。沉积环境不同会直接导致微生物功能群的差异,从而引起沉积物中甾醇组成分布的差异(吕晓霞和翟世奎,2006)。因此,甾醇的组成分布特征能从一定程度上反映微生物功能群的差异和沉积环境的变化。通常情况下,海洋中的甲藻甾醇(Dinosterol)是甲藻的主要脂类组分,常作为甲藻生产力的指示物;菜籽甾醇(Brassicasterol)被广泛用作硅藻的生物标志物(Castañeda and Schouten,2011)。长链烷基二醇(LCDs)在海洋、湖泊以及河流环境中普遍存在,具有较复杂的来源(Rampen et al.,2012),研究发现海洋环境中的 C_{28},C_{30}-diols 主要由海源微藻(如 *Proboscia*、*Apedinella radians* 等)产生。本研究用沉积物中甲藻甾醇、菜籽甾醇、C_{28},C_{30}-diols

的总含量分别作为海洋中主要浮游植物甲藻、硅藻以及部分海洋微藻生产力的指示物。

象山港海域沉积物中 Brassicasterol 含量范围在$(0.13 \sim 3.79) \times 10^{-9}$之间（图 3.35），整体上看其含量呈波动性减小的变化趋势，在 20 世纪 10 年代和 80 年代期间呈短暂的增大趋势。沉积物中 Dinosterol 含量范围在$(1.76 \sim 21.98) \times 10^{-9}$之间，随时间推移的含量分布与 Brassicasterol 具有相一致的变化趋势。长链二醇 C_{28}，C_{30}-diols 在海洋沉积物中的含量较低，所指示的海洋环境中的微藻如 *Proboscia*、*Apedinella radians* 等的丰度变化也与 Brassicasterol 高度相似。生物标志物在重建海洋生态系统中会受到沉积速率和降解成岩作用的限制。Wakeham 等（2002）研究发现太平洋与阿拉伯海不同水层主要生物标志物通量具有极为相似的变化趋势，说明这些脂类具有相似的环境响应机制。研究区域甲藻和硅藻以及部分海源微藻生物标志物的变化趋势表明了对区域海洋环境变化的响应相近，水体温盐性质等发生改变，环境气候在温暖潮湿或寒冷干燥不同条件下，对浮游植物生长繁殖、死亡沉降分解的影响程度相同。

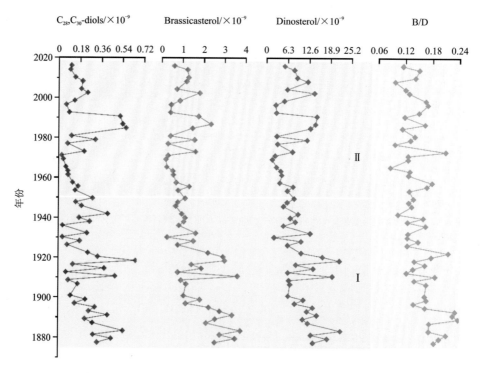

图 3.35　LJZB01 站位沉积物特征醇类指示物含量及比值变化图

醇类生物标志物随时间的丰度变化可分为两个时期（图 3.37）。在 1875—1950 年期间（时期Ⅰ），象山港研究区域浮游植物生产力呈降低后增大再降低的变化趋势，整体来看初级生产力降低。该时期 BIT 值呈增大趋势（图 3.34），与浮游植物生产力呈相反的变化趋势，可能是象山港港口水体交换能力较弱，陆源输入增大带来的泥沙增多，使水体的透光度降低，影响了浮游植物的光合作用，导致初级生产力降低（Chen et al.，2018）。在 1950—2020 年期间（时期Ⅱ），海洋浮游植物生产力的变化趋势为先降低后急剧增大再降低。该时期人类活动的增强导致研究区域生态环境变化更加复杂。在约 1970 年后初级生产力显著增大,同时,该时期 BIT 值相对减小,表明陆源输入相对降低,从一定程度上反映了本海域受到更多港外水体的影响,因此闽浙沿岸流将长江源的较高浓度营养盐带到研究区域可能是初级生产力增大的原因之一;此外,东海近岸海域富营养化越发严重,海洋赤潮频发,致使初级生产力急剧增大(张海波等,2005)。进入 21 世纪后,浮游植物生产力呈明显降低的趋势。这可能与该时期对沿海各地生态环境保护以及科学进行农业种植从而降低了营养元素入海有关,同时,该时期研究区域邻近岸滩开发利用活动较多,如围填海工程、养殖活动增加等对生态造成一定的破坏,加上港口交通便利,聚集了大量工矿企业,致使海洋生态环境脆弱(李婷等,2023)。除此之外,不科学的投放饵食饲料不仅造成了养殖区周边海水的富营养化,还直接破坏了其他海洋生物生活的生态环境(尹维翰,2007);过度捕捞与海水暖化引起的浮游生态系统改变是生产力较 20 世纪 80 年代后明显下降的重要原因(Xie et al.,2022)。

海洋沉积物中不同生物标志物的分布除反映海洋初级生产力外,还能反映其群落结构的变化。边缘海是受人类活动影响强烈的海域,海水中的营养盐的含量和结构也因此具有明显的区域特征,从而造成海水中浮游植物的群落结构产生相应的改变(李凤等,2014)。因此,指示硅藻的菜籽甾醇与指示甲藻的甲藻甾醇的比值 Brassicasterol/Dinosterol(B/D)可作为浮游植物群落结构变化的指标。象山港 B/D 值的变化范围为 0.07~0.24,整体上在研究深度范围内该比值呈逐渐降低的变化趋势,表明近百年来该海域硅藻比例降低,甲藻比例上升,浮游植物群落逐渐以甲藻为优势种群。

飞云江河口区域沉积物中 Brassicasterol 含量范围在 $(0.31 \sim 25.34) \times 10^{-9}$ 之间,其随时间的变化上:约在 1950 年前呈增大的变化趋势,约在 1950 年后整体含量相对降低(图 3.38),在部分时期,如 20 世纪 60 年代初、70 年代末以及 90 年代具有相对较高值。沉积物中Dinosterol 含量在 $(0.65 \sim 106.55) \times 10^{-9}$ 之间,其在时间序列上的含量变化趋势与Brassicasterol 相似。该区域的长链二醇 C_{28},C_{30}-diols 的丰度也与 Brassicasterol 和 Dinosterol具有相一致的变化趋势,说明该研究区域沉积脂类生物标志物对水体和沉积环境的变化具有相似的响应机制。

飞云江河口的初级生产力变化可分为两个时期(图 3.36)。在 1909—1950 年期间(时期Ⅰ),研究区域浮游植物生产力呈略微增大的趋势,可能是因为东海近岸海表温度略增大利于浮游植物的生长繁殖,从而提高了初级生产力。在 1950—2020 年期间(时期Ⅱ),浮游植物生产力整体较前研究时期降低,该时期人类活动对海洋的干扰较大,围垦养殖等破坏了海洋原有的生态系统,降低了环境承载力导致浮游植物丰度减小从而降低了初级生产力(范正利等,2018;Ma et al.,2022)。飞云江口初级生产力在部分时期,例如 20 世纪 60 年代初、70 年代末以及 90 年代期间略增大,这部分时期 BIT 值呈略微相反的变化趋势,可能陆源输入增大时,飞云江口泥沙增多,导致水体浑浊度增加,影响了浮游植物的光合作用,对海洋初级生产者造成不利条件,导致生产力降低。

飞云江口沉积柱中 B/D 值的变化范围为 0.05~0.35,浮游植物群落结构变化可分为3个阶段。在 1909—1950 年期间(时期Ⅰ),研究区域藻类群落较稳定,种群优势变化较小,海洋环境变化对浮游植物的影响较小。在 1950—1980 年期间(时期Ⅱ),藻类群落结构呈硅藻比例增大,甲藻比例减小的变化趋势,群落结构逐渐以硅藻占优势。在 1980—2020 年期间(时期Ⅲ),B/D 值呈波动性变化,硅藻与甲藻呈交替占优势的现象,但该时期 B/D 值整体较 1980 年前略降低,浮游植物群落结构整体呈甲藻略占优势的变化趋势。该时期人类活动对海洋浮游植物生产力及其群落结构的影响要显著强于自然气候环境的影响(陈立雷,2018)。

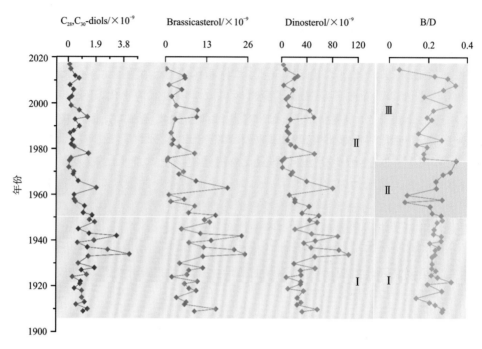

图 3.36　WDZB01 站位沉积物特征醇类指示物含量及比值变化图

第 4 章　东海近岸海域生态环境变化的影响因素分析

沉积物是有机质循环重要的汇,是海水中有机质的主要归宿,沉积物中各项有机质的指标可以表征上层水体的营养状况及初级生产力水平(王越奇等,2018)。本研究沉积物中长链正构烷烃主要来源于陆生高等植物,短链脂肪酸和醇类物质主要来源于海洋藻类和细菌,GDGTs 主要来源于古菌和细菌。这些物质的输入与气候变化、人类活动及海洋初级生产力密切相关。

4.1　自然因素对东海近岸生态系统的影响

4.1.1　温　度

海洋温度是调控浮游植物群落组成和分布的主要环境因子,本研究发现浮游植物中的特征甾醇指示物含量变化与海洋表面温度(SST)具有相关性。虽然关于长链烷基二醇的来源并不能完全确定,但已有研究表明 SST 与部分长链烷基二醇 C_{28} 1,13、C_{30} 1,13 和 C_{30} 1,15 的含量比值存在相关性。Rampen 等(2012)基于此建立了新的温度指标长链二醇指数(LDI),研究结果发现 LDI 与 SST 之间的相关性较强。象山港站位柱状沉积物中长链烷基二醇反演的海表温度[LDI-SST,参见附录,公式(16)]范围在 20.4～24.2℃之间,平均值为22.0℃[图4.1(d)]。闽浙沿岸表层水温范围在 9～28℃之间(李家彪,2008),研究结果在此范围内具有一定的合理性,而由于研究站位位于港口处,靠近陆地,因此水温相对较高。研究区域自研究至 1940 年海洋生态环境主要受自然环境因素的影响,约 1910 年前 SST 随时间变化呈降低的趋势,温度降低导致浮游植物的生物量减少,初级生产力降低;1910—1940 年 SST 有增大的趋势,温度的升高使浮游植物的生产力有明显的提高。1940 年后海洋生态环境受到的影响因素增多,产生了复杂的变化。1940—1970 年 SST 明显升高,而菜籽甾醇和甲藻甾醇含量呈降低的变化趋势,可能这个时期受人类活动影响明显,近岸海域环境变化复杂,受其他因素影响强度大于温度,该时期其他环境因子不适于硅藻和甲藻生长繁殖,导致生产力降低。1970 年后 SST 略微减小,浮游植物生产力再次增大。研究发现,海表温度与太平洋十年涛动(PDO)有关。PDO 在正相位时西太平洋偏冷,东太平洋偏暖,在负相位时西太平洋偏暖而东太平洋偏冷(Wooster and Zhang,2004)。在 1940—1970 年期间 PDO 呈负相位阶段,对应了 SST

的升温时期,而 1970 年后 PDO 呈正相位时期 SST 减小[图 4.1(e)]。因此研究区域海洋浮游植物的生产力可能受到 PDO 的影响。

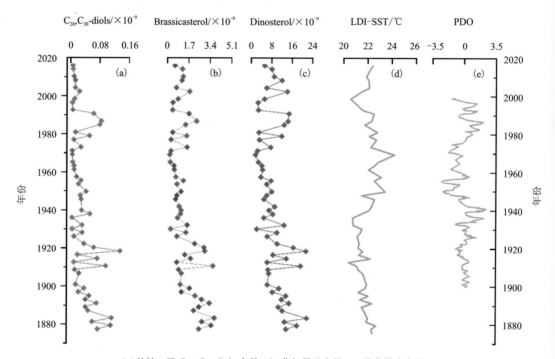

(a)长链二醇 C_{28},C_{30}-diols 含量;(b)菜籽甾醇含量;(c)甲藻甾醇含量;
(d)长链二醇指数反演的 SST;(e)PDO 指数(Wooster et al.,2004)。

图 4.1　LJZB01 站位特征醇类含量及 LDI 反演的 SST 和 PDO 指数对比图

飞云江口由长链烷基二醇反演的海表温度在 18.6~26.2℃之间[图 4.2(d)],平均为 21.6℃,自研究开始 SST 以较小的速度降低,约 1960 年开始海表温度升高,2000 年后 SST 变化波动明显,整体的变化趋势与已有研究中东海近百年来海表温度的变化相一致(Bao et al.,2014)。由图 4.2 可看出,飞云江口研究区域海表温度升高后的阶段,浮游植物特征甾醇的含量相对减少。整体上看 SST 与浮游植物生产力相关性较小,可能该研究区域海洋初级生产力受到的影响因素较复杂,其他因素的影响强度大于温度。

4.1.2　盐　度

浮游植物的多样性指数和物种丰富度与理化参数盐度有关。相关分析表明,浮游植物的多样性指数和丰富度与盐度呈正相关,盐度升高有利于部分浮游植物的生长繁殖(Khot et al.,2018;Banoo et al.,2022)。东海近海的盐度受附近水团的影响,高盐的黑潮水与低盐的长江冲淡水以及闽浙沿岸流的消长运动对盐度的分布变化具有调节作用。长江冲淡水沿东海近岸南下,汇集沿岸淡水径流在闽浙沿岸区域形成了呈带状的低盐区,因此东海等盐线略呈西南-东北走向(齐继峰,2014)。在年代际变化上,东海近几十年平均海表盐度(SSS)发生了较显著的变化(图 4.3),自 1960 年至 21 世纪初,平均海表盐度整体呈波动性降低的变化趋势,在该时期研究区域象山港与飞云江口的浮游植物丰度均较低。水体中盐度降低不利于

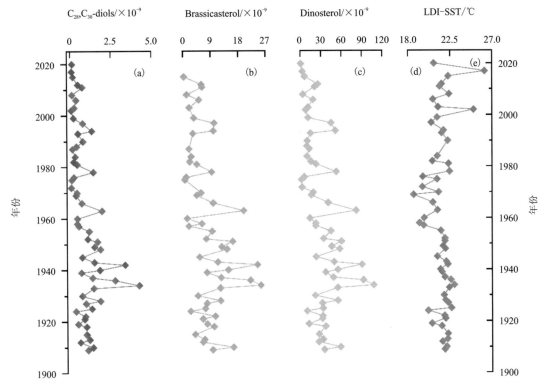

（a）长链二醇 C_{28}，C_{30}-diols 含量；（b）菜籽甾醇含量；（c）甲藻甾醇含量；（d）长链二醇指数反演的 SST。

图 4.2　WDZB01 站位特征醇类含量及 LDI 反演的 SST 对比图

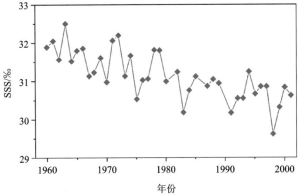

图 4.3　东海平均海表盐度年际变化（Park et al.，2015）

浮游植物的繁殖，降低了藻类的多样性和丰富度，导致初级生产力减低，因此盐度的降低可能是近几十年研究区域海洋生态系统中初级生产力较低的原因之一。

4.1.3　浊　度

水体浊度是海洋生态系统的一个重要理化特征，对浮游生物活性水平具有一定的影响（Nechad et al.，2010）。有研究发现水体浊度与区域浮游植物丰度具有负相关关系，浊度越大浮游植物丰度越低,浊度越低浮游植物丰度则越高(汤琳等,2007)。我国东海近岸区域水体浊度呈近岸较高,向远岸逐渐降低的变化分布,浙江近海的浊度变化范围为 2.40～363.90NTU,大多数在 100NTU 左右(陈黄蓉等,2020)。研究区域象山港与飞云江口水深较浅,离岸距离较近,水体浊度较高,极大地降低了水体的透光度,进而降低浮游植物的光合速率,导致浮游藻类种类、丰度和生物多样性下降。北部研究区域象山港近几十年来有较多的航道建设工程,在一定程度上增大了水体浊度,对该海域生态系统造成影响;南部研究区域飞云江口由于大规模的滩涂围垦用地,浅水区域浑浊度增加,影响藻类生长繁殖。此外,有研究表明在一定范围内在较混浊的近岸水体中东海原甲藻在浮游植物种群结构中更占优势,更容易形成赤潮(朱谦,2018)。近几十年来,东海近岸尤其是港湾与河口区域浊度的逐渐增大,可能是浮游植物群落结构整体由硅藻具优势向甲藻略占优势地位转变的原因之一。因此浊度可能是研究区域浮游植物初级生产力整体较低以及群落结构发生改变的重要影响因素。

4.1.4 海平面变化

海岸线与海平面的变化也是东海近岸海域的海洋生态系统变化的一个影响因素(李加林等,2019)。岸滩泥沙淤积及海水侵蚀是影响岸线变化的重要自然驱动条件。不同地区及时段的岸线有着不同的淤积及侵蚀趋势,在潮汐、波浪、水流等多种因素的共同作用下,会引起岸线的变迁,同时不同的地理环境影响着岸线开发利用的强度(李加林等,2019)。由于气候变化,来自验潮仪和卫星测高观测的全球平均海平面从 1901—1990 年期间的 1.4mm/a 增加到 1993—2015 年期间的 3.2mm/a,增加到 2006—2015 年期间的 3.6mm/a(Zhou et al.,2022)。海平面上升会导致河海交汇处流速减缓,淡水滞留时间增长,污染物质不能及时稀释,另外还会影响河口的盐度,改变了原有水生生物的生长环境,对河口浮游植物的生长产生不利条件,使得近岸海洋生态系统遭到破坏。研究站位近百年来浮游植物生物量含量较低且整体呈降低趋势,可能与海岸线的变迁、海平面的逐渐上升给海洋环境带来的不利影响有关。

4.2 人类活动对东海近岸生态系统的影响

随着科技的进步和工农业的发展,人类活动对海洋生态环境的影响越来越受到重视。边缘海作为连接大陆和海洋的枢纽,受人类活动的影响尤其显著。

4.2.1 泥沙输入量

泥沙输入是边缘海沉积物的主要来源,是维持海洋地貌及生态系统的关键。然而,随着水利工程的发展和水土保持工程的推进,泥沙输入量发生巨大改变,给近海生态环境造成了一定的影响。

监测发现浙江省沿岸海域淤积泥沙的来源主要有沿海陆地江河入海泥沙、长江口入海泥沙扩散南下、海岸侵蚀的泥沙以及内陆架供沙 4 类(中国水利水电科学研究院,2010;浙江省水利水电勘测设计院,2015)。由于浙江入海河流流域植被好、土壤侵蚀弱,其输沙量很小。钱塘江、瓯江、椒江等河流的输沙总量为 720 万～1040 万 t,仅占总来沙量的 4%;长江口来沙量达到 2.26 亿 t,占总来沙量的 96%,是浙江沿海泥沙的主要来源(DeMaster et al.,1985)。关于长江口沉积在拦门沙海域及水下三角洲的泥沙占流域来沙百分比的分析成果表明,在长江口输沙过程中,40%～51%(平均为 45.5%)的泥沙在长江口地区沉积形成边滩、沙洲、河口拦门沙和水下三角洲,49%～60%(平均 54.5%)的泥沙经过东海沿岸流输移扩散进入杭州湾、浙东沿海、苏北吕四以南海域及东海陆架(Milliman et al.,1985)。据此结果可以估计长江口进入杭州湾、浙东沿海、苏北以南海域和东海陆架的泥沙量,其中绝大部分为进入浙江沿海的输沙量(图 4.4)。

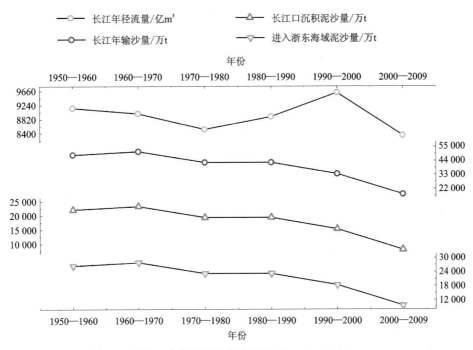

图 4.4　长江口年输沙量及其分配图(数据来源:胡春宏,2012)

飞云江口 WDZB01 站位沉积柱紧邻工业发达的温州市,不仅受到长江流域的影响,更受到温州市污染排放的影响。在 20 世纪 80—90 年代,“农业多种经营”是浙江省经济发展的主导战略思路,乡镇工业开始兴起。90 年代初期,浙江经济发展战略作了重大调整,在“农村多种经营”的优势下发展了轻纺工业,并对港口进行轻微改造利用。21 世纪初,浙江省进一步提出了“转型升级”的工作思路,利用沿海港口条件,建设万吨级、十万吨级泊位和石油、化工、火力发电等重点工程项目(朱家良,2009),重工业得到了长足的发展,产生的大量富营养物质对近岸海域的影响进一步加剧(图 4.5)。

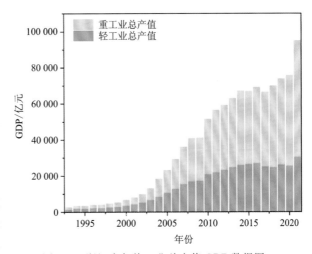

图 4.5　浙江省年均工业总产值 GDP 数据图
(数据来源:浙江省统计局)

　　将年均 SST 与飞云江口 WDZB01 柱状沉积物有机质含量进行比较,结果发现,1990 年以后,年均 SST 与 TOC、低偶碳链脂肪酸含量,以及异构、反异构脂肪酸含量呈现出相同的变化趋势,而 20 世纪 40 年代年均 SST 上升却没有在沉积物有机质的含量变化中显示,表明 1990 年以后沉积物有机质含量的变化更可能来源于人类活动的影响。

　　1990 年以前,TOC、TN、低偶碳链脂肪酸含量,以及异构、反异构脂肪酸含量呈震荡分布,没有明显的趋势性变化。调查显示,从中华人民共和国成立到 1970 年,中国人口快速增长。20 世纪 60 年代末期,工农业得到全面发展,流域人类活动加强,对入海物质产生影响,耕地开垦和森林砍伐等现象导致水土流失加剧,土壤侵蚀总量增加(张生和朱诚,2001),陆源入海有机质增多,飞云江口 WDZB01 柱状沉积物高奇碳链正构烷烃含量增加[图 4.6(g)],指示该时期研究区域陆源有机质贡献增加。20 世纪 80 年代修建的三峡水库调节了泥沙的径流分配,导致入海输沙量降低,陆源有机质随着输沙量的降低而减少,然而飞云江口海域陆源有机质的拦截效应晚于长江口区域,原因可能是飞云江口海域的沉积物是长江三角洲沉积物再悬浮搬运而来的,具有一定的沉积滞后性(Sun et al.,2016)。

　　1990—2000 年,低偶碳链脂肪酸含量和异构、反异构脂肪酸含量呈上升趋势,高奇碳链正构烷烃含量持续呈下降趋势,TOC、TN 含量的变化与低偶碳链脂肪酸含量的变化一致。此时国家出台了退耕还林的相关措施,植被条件的改善降低了土壤的流失,而长江输沙量始终呈降低趋势,导致陆源有机质含量继续降低。同时在此时期,浙江省开始了第一轮小规模的工业改革,经济模式从纯农业生产向轻纺工业转型,径流输入东海近岸海域的化学污染物呈逐年增加的趋势,营养盐被输入到河口和海湾,引起水体富营养化,导致藻类大量繁殖,低偶碳链脂肪酸含量上升,研究区域海源有机质贡献增加。

　　2000—2010 年,低偶碳链脂肪酸含量对应于年平均 SST 相应减少,温度降低导致各种酶的活性下降,从而抑制光合作用,进而抑制海洋初级生产力。但是值得注意的是,TOC、TN 含量在 2000—2010 年的减少幅度远比 2000 年之前增长的幅度小得多,然而年平均 SST 在 2000—2010 年的减少幅度与 2000 年之前的增长幅度没有太大差别[图 4.6(a)]。此时大量的围海造地活动由农业用地转向用于工业和城镇建设,湿地面积减少,并且受流域工程建设(深水航道治理及围海造地)的影响,陆源有机质含量开始呈轻微上升趋势,但含量始终比 1980 年前的低。2010 年以后,年均 SST 回升至约 20℃,此温度适宜东海原甲藻生长(王正方,2001),低偶碳链脂肪酸含量快速上升,海源有机质贡献增加,总有机质含量快速上升。

　　长期监测数据表明长江(大通站)年均输沙量在 1960 年和 1980 年有两次小幅度下降,2000 年左右出现了大幅度下降[图 4.6(b)],飞云江(峃口站)年均输沙量在 1960 年出现大幅度下降[图 4.6(c)]。TOC、TN 含量在 1960 年以后的减少与飞云江(峃口站)和长江大通站监测的输沙量大幅度减少表现出很强的正相关,表明流域输沙量减少可能是该时期有机质含量下降的主要原因。已有研究表明,三峡水库运行以后,2003—2008 年期间进入水库内 73% 以上的悬沙被拦截(杜景龙等,2012)。Yu 等(2012)分别于 2003 年和 2006 年在长江中下游地区采集悬浮颗粒物调查三峡大坝对长江有机碳输出影响的结果同样表明,由于三峡大坝的运行,2006 年长江输送到东海的颗粒有机碳不到 2003 年的 2/3。长江流域大型水利设施的运行导致了泥沙的拦截,进而导致流域输送到长江口及邻近海域的陆源物质减少(Liu et al.,2019)。

1980 年以后,长江输沙量和高奇碳链正构烷烃含量明显减少而 TOC、TN 和低偶碳链脂肪酸含量继续增加。通过飞云江口 WDZB01 站位柱状沉积物脂肪酸 $\Sigma C_{16}/\Sigma C_{18}$ 值发现,1980 年以后 $\Sigma C_{16}/\Sigma C_{18}$ 比值减小(图 3.13),平均值由 1.11 下降至 0.63,指示 1980 年以后硅藻生物量下降。输送到邻近海域的泥沙减少,导致水体中硅含量降低,而高浓度氮盐、高氮磷比、低盐的飞云江径流为赤潮暴发提供了物质基础(张福星等,2016),进一步导致浮游植物优势种从硅藻转变为非硅藻的种群结构特征,与近年来浙江近岸海域有害甲藻赤潮暴发的规模和频率在不断增加的事实相符(夏平等,2007)。

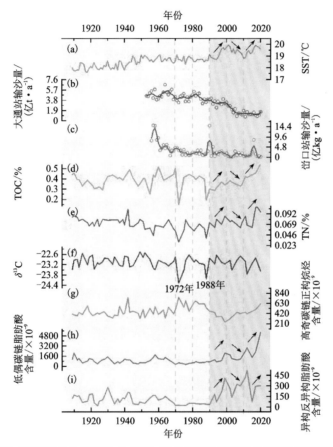

(a)1910—2019 年东海近岸海域(N28.5°,E122.5°)附近年平均海洋表面温度(数据来源:NOAA);

(b)1950—2020 年大通站年均输沙量,深棕线为大通站年均输沙量 5a 滑动平均(数据来源:中国河流泥沙公报);(c)1956—2020 年峃口站年均输沙量,浅棕色线为峃口站年均输沙量 5a 滑动平均(数据来源:峃口水文站);(d)TOC 含量分布;(e)TN 含量分布;(f)δ^{13}C 含量分布;(g)陆源有机质含量分布;(h)海源有机质含量分布;(i)细菌源有机质含量分布。

图 4.6　WDZB01 柱状沉积物中有机质含量、气候指数、输沙量年际变化图

4.2.2　极端水文事件

极端水文事件对飞云江口 WDZB01 站位柱状沉积物有机质含量也产生了影响。飞云江口 WDZB01 站位柱状沉积物有两个层位的沉积物样品含有大量贝壳、碎屑等较粗颗粒物,正

常情况下,东海近岸海域沉积物粒度等特征主要受控于沿岸流的强度(郭志刚等,2001),粒度突然变化并超出了沿岸流引起变化的阈值,只有极端水文事件才可能是导致水动力和物质输运急剧变化的环境因素(田元,2015;徐笑梅等,2019)。浙闽沿岸地区极端水文事件主要为台风、洪水事件,但长江洪水和钱塘江仅能影响其河口附近海域,浙闽沿岸较少记录有洪水事件,同时长江洪水很难在距离河口较远的浙闽沿岸形成粗颗粒沉积(杨照祥等,2020)。因此,可以认为飞云江口 WDZB01 站位柱状沉积物记录的异常粗颗粒沉积主要与台风事件有关。结合年代分析,发现这两个层位分别对应于 1972 年和 1988 年。结合有机质分析,发现对应年份的 δ^{13}C 值骤减,同时 TOC、TN 也相应降低,高奇碳链正构烷烃含量增加,推测是由于台风伴随着强降水,增加了入海陆源颗粒物通量,导致陆源输入有机质含量增加。同时台风引起沉积物再悬浮,导致沉积物粒径变粗,TOC、TN 含量降低,推断这两层沉积物碎屑来源为原地生物壳类碎屑沉积,而非风暴。

已有研究表明,PDO 与东海南部沿岸的东亚季风之间的关系是显著的(Zhu et al.,2011)。东亚季风的年代际变化在很大程度上受到 PDO 的调控,而东亚季风强度的变化直接影响上升流的强弱(Sun et al.,2016)。PDO 正位相伴随着东亚异常偏北气流,东亚南部赤道气流减弱,从而导致西南夏季风减弱,此时上升流强度减弱。在 PDO 负位相期间,呈现出较强的夏季风,上升流增强,PDO 和上升流强度呈负相关(Sun et al.,2016)。将 PDO 指数[图 4.7(c)]与有机质含量进行比较,结果发现,在 20 世纪 70 年代初期之前,PDO 指数与TOC 含量呈现出相反的变化趋势,由于 20 世纪 50 年代前样品年代间隔过大,且 TN、低偶碳链脂肪酸含量,以及异构、反异构脂肪酸含量较低,未能判断出变化趋势,但 1950—1970 年期间,PDO 指数与 TOC、TN、低偶碳链脂肪酸含量,以及异构、反异构脂肪酸含量均呈现出相反的变化趋势。PDO 指数增长时期,TOC、TN、低偶碳链脂肪酸含量,以及异构、反异构脂肪酸含量总体呈现出下降趋势,反之亦然[图 4.7(d)(e)(h)(i)]。高奇碳链正构烷烃含量与 PDO指数呈正相关关系[图 4.7(g)]。由此可知,象山港口 LJZB01 站位柱状沉积物有机质含量与PDO 呈负相关,与上升流强度呈正相关。在 PDO 正位相期间,较弱的夏季风导致上升流减弱。减弱的沿海上升流无法将更多的养分从深层输送到上层,导致浮游植物等初级生产者的生长受限(Sun et al.,2016),低偶碳链脂肪酸含量降低,海源有机质含量降低。PDO 与上升流强弱的年代际变化具有显著相关性这一发现不仅在东海近岸体现出来,在东太平洋边缘秘鲁—智利上升流区域同样存在(Vargas et al.,2007)。但由于 ^{210}Pb 年代学方法的局限性,更为精确的年际变化如厄尔尼诺—拉尼娜等事件无法在本研究中精准建立高分辨统计学的对应关系。

1950 年后,象山港开始大规模的围填海工程(中国海湾志编纂委员会,1993),导致海岸线外移,入海有机质增多。在 1950—1970 年期间,象山港口 LJZB01 站位柱状沉积物 δ^{13}C 值偏负,高奇碳链正构烷烃含量呈轻微增加趋势,指示研究区域陆源有机质含量贡献增加,但TOC、TN 含量呈现先降低后增加的变化趋势,与 PDO 呈负相关,表明 1970 年以前,研究区域的生态环境整体较为稳定,虽然人类流域活动增强,但有机质含量的震荡式分布依然主要由气候变化或自然过程主导。

1970 年以后,PDO 指数与 TOC、TN、低偶碳链脂肪酸含量和异构、反异构脂肪酸含量不再呈现出 1970 年之前的负相关关系[图 4.7(a)(c)(d)(e)(h)]。1970—1990 年,TOC、TN 含

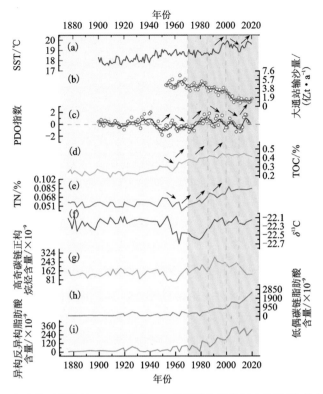

(a)1910—2019 年东海近岸海域(N28.5°,E122.5°)附近年平均海表温度(数据来源:NOAA);
(b)1950—2020 年大通站年均输沙量,深棕色线为大通站年均输沙量 5a 滑动平均(数据来源:中国河
流泥沙公报);(c)北太平洋年代际涛动指数,粉红色线为北太平洋年代际涛动指数 5a 滑动平均(数
据来源:NOAA Physical Sciences Laboratory);(d)TOC 含量分布;(e)TN 含量分布;(f) δ^{13}C 含量分
布;(g)高奇碳链正构烷烃含量;(h)低偶碳链脂肪酸含量;(i)异构、反异构脂肪酸含量。
图 4.7　气候指数、输沙量与 LJZB01 柱状沉积物中有机质含量的对比

量呈上升趋势,指示研究海域总有机质含量上升;低偶碳链脂肪酸含量、异构和反异构脂肪酸
含量、高奇碳链正构烷烃含量均呈现增长趋势,表明研究海域海源有机质输入和陆源有机质
输入贡献同时上升; δ^{13}C 值呈上升趋势表明 1970—1990 年海源有机质输入贡献大于陆源有
机质输入。20 世纪 80 年代初期,象山港基于广阔的港湾环境,开始充分利用渔业资源,大力
发展养殖环境。调查发现,象山港的养殖主要有 3 种类型:海水网箱鱼类养殖、海水筏式藻类
养殖和沿岸淡水池塘虾蟹养殖(冯辉强,2010),而网箱养殖和筏式养殖为咸水环境,受半人工
化干扰,产生有机质的影响偏海源。同时,海水网箱养殖产生的残饵和鱼类粪便及养殖产生的残余
分解物均会使沉积物中的 δ^{13}C 值偏重(Liu et al.,2022),而网箱养殖投放的饵料仅有 1/5~
2/5 可以被养殖的水产利用(Islam,2005),因此大量含氮饵料在港内参与水体交换,使港内
普遍有含氮化合物,促进了浮游植物等初级生产者的生长,低偶碳链脂肪酸含量增加,导致研
究区域海源有机质贡献增加。与此同时,工农业在此期间得到全面发展,人类流域活动加强,
对入海物质产生影响,耕地开垦和森林砍伐等现象导致水土流失加剧,土壤侵蚀总量增加(张
生和朱诚,2001),入海陆源有机质持续增多,高奇碳链正构烷烃含量继续呈上升趋势,导致研

究区域陆源有机质贡献增加。1970—1990 年,象山港海湾人类活动对有机质含量的影响逐渐显著。

1990—2000 年,年平均 SST 快速上升且上升幅度远大于 20 世纪 40 年代,但 TOC 和 TN 含量并未呈现相应的增长幅度[图 4.7(a)(d)(e)],人类活动对有机质含量的影响更加凸显。1990 年后,流域建库及植被条件的改善,导致江河输沙量和含沙量均呈现大幅度减少态势,高奇碳链正构烷烃含量呈下降趋势,指示研究区域陆源有机质贡献降低。随着沿岸经济的快速发展,象山港湾内大量建港及滨海旅游业快速发展,过量的营养盐被输入到象山港湾内,导致水体富营养化严重,藻类及其他浮游生物大量繁殖,低偶碳链脂肪酸含量增加,导致研究区域海源有机质贡献增加。2000—2010 年,低偶碳链脂肪酸含量对应于年平均 SST 相应减少,温度降低导致各种酶的活性下降,从而抑制光合作用,进而抑制海洋初级生产力。高奇碳链正构烷烃含量持续呈下降趋势,此时国家出台了退耕还林的相关措施,而长江输沙量始终呈降低趋势,导致陆源有机质含量继续降低。21 世纪,由于大量的围海造地活动导致港湾内潮汐作用减弱,加上港外岛屿的阻挡作用,象山港和边缘海之间物质和能力交换进一步受限(Ward et al., 2013),生态自调节能力进一步恶化,加剧了港湾内富营养化程度,低偶碳链脂肪酸含量快速上升,导致研究区域海源有机质贡献快速增加。1990 年以后,象山港海湾人类活动对有机质含量的影响进一步加强。

4.3　区域对比

从两根沉积柱中代表海洋藻类和代表细菌的脂肪酸含量变化趋势可以看出,在各个阶段,两者之间呈现一致的变化趋势,并且两者存在较为显著的线性关系(图 4.8)。海洋细菌广泛分布于海洋环境中,大多数的海洋微生物承担着分解者的角色,能够分解有机物质的终极产物如氨、硝酸盐、磷酸盐以及二氧化碳等,从而直接或间接地为海洋中藻类等植物提供养分(蒋高明,2018)。还有一些海洋细菌则具有光合作用的能力,不论异养还是自养微生物,它们的自我繁殖都能为海洋原生动物、浮游生物以及底栖动物等提供直接的营养来源,这对食物链中的初级或高级生物生产起到了促进作用(蒋高明,2018;李祎等,2013)。因此,海洋环境中细菌作为分解者,分解有机质,为藻类提供了所需营养,从而促使藻类生长,提高海洋初级生产力,但当微生物作用减弱时,可能会对藻类生长产生抑制作用,这可能是沉积柱中代表藻类和细菌的脂肪酸浓度呈现协同变化原因。此外一些具有光合作用能力的海洋细菌也能直接促进海洋初级生产力。

象山港与飞云江口研究区域的 Brassicasterol、Dinosterol 和 C_{28},C_{30}-diols 含量均呈现出随时间推移相一致的变化趋势,表明在整个海区环境条件的变化对生物生产力具有相近的影响。值得一提的是,北部和南部研究区域浮游植物生产力相对较大的时期均与 BIT 值减小相对应,说明陆源输入是影响近岸海域生产力的主要因素。

海洋生态系统中的浮游植物生产力特征在两个站位的变化具有相同之处。从百年尺度时间上看,象山港与飞云江口研究区域初级生产力均呈降低的趋势,且自 1950 年以后较之前降低明显。从更小时间尺度来看,两个研究区域浮游植物生产力变化具有较大的差异。在

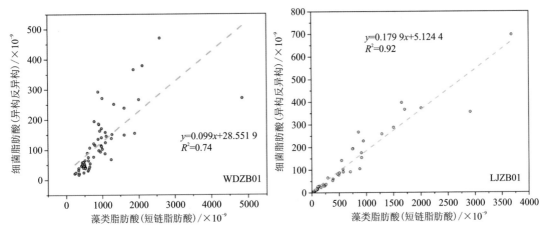

图 4.8　海洋藻类脂肪酸和细菌脂肪酸含量线性关系

1950 年以前,两个研究区域生产力的变化呈相反的趋势,该时期海洋环境变化以自然气候影响最大,由于地理位置以及原有水体环境的差异,自然环境气候如季风、洋流的变化对近海环流和陆地径流的影响强度不一致,不同时期不同海域所具有的适合浮游植物生长的条件也各不相同。自 1950 年以后,内陆架海洋环境开始逐渐受到人类活动的影响,近岸海域生态系统的变化愈加复杂。象山港研究区域初级生产力的下降,可能与当时我国的工农业生产处于起始阶段,输入海洋环境中的陆源营养物质相对较少有关,且当时我国处于相对寒冷的时期,海水温度较低,浮游植物生长受到限制,导致初级生产力降低。1970 年以后,生产力的短期剧增,当时工农业发展致使大量的营养盐输送进入海洋环境中,使生态系统处于繁盛时期。2000 年以后,浮游植物生产力降低,水质的长期污染导致海洋环境浮游生物量降低、生物结构趋于简单化。南部飞云江口海域与北部不同,1950 年以后该海域初级生产力整体较低,可能与人类围垦工程导致的生境丧失有关,海洋生态系统的物理结构和生物结构遭到破坏,降低了生态系统的功能。而短时期的较高生产力,可能是由于东海近海水体中营养盐浓度的普遍增加促进了浮游藻类的生长繁殖,从而提高了生产力。

海洋生态系统中浮游植物群落结构变化特征也具有差异性。北部象山港研究区域近百年来呈现出甲藻比例增大,硅藻比例减小,逐渐以甲藻为优势种的缓慢变化趋势;而南部飞云江口研究区域浮游植物群落结构由较稳定变为呈明显波动性变化,1980 年后群落结构整体略微向以甲藻为优势的趋势转变。但从百年长时间尺度来看,两个站位的藻类生物结构变化并不显著,表明研究区域海洋生态系统相对稳定,外界因素的干扰未导致其产生较大的波动,该区域水体中不同藻类喜好的营养盐浓度没有发生剧烈的变化,或浮游植物对养分的竞争较小。

整体而言,东海近百年来近岸不同海域的生态特征不同。然而,该研究的结论与前人的具有差异性。前人对东海近海的生态变化研究主要位于典型的长江口及毗邻海域和闽浙泥质区,受长江流域以及外海环流影响强度大于近岸人类活动,在近几十年长江流域发展导致东海陆架营养盐浓度显著增大的背景下,大部分研究发现浮游植物生产力极大提高,营养盐要素比例的变化更有利于以硅藻为优势种向甲藻占优势转化(Chen et al.，2019；Li et al.，

2022)。而本研究区域更靠近陆地,距离人类生活区域较近,海洋生态系统受到近岸环流、陆地径流以及人类活动等多方面的综合影响,不同时期各影响因素的强度不一,主要还是以人类活动的影响为主,工农业、旅游业、养殖业等各方面都会对近岸海域生态环境产生影响,且难以综合各方面来确切评估,因此研究区域的浮游植物生产力及群落结构变化十分复杂。整体上人类对近岸的影响改变了原有的生态系统,使其失去了部分生态功能(潘耀辉,2007),这可能是近岸研究区域浮游植物生产力整体降低的重要原因。

第 5 章　近百年来东海近岸海域有机质的埋藏

有机质在海洋环境中的埋藏是实现碳增汇的有效途径。研究地质历史时期有机质的埋藏通量和效率以及其影响因素,对预测未来碳增汇研究具有重要意义。本研究所用埋藏通量的计算公式:有机质埋藏通量($g \cdot m^{-2} \cdot a^{-1}$)＝有机质含量(％)×沉积物干容重($g \cdot m^{-3}$)×平均沉积速率($cm \cdot a^{-1}$)(Ingall et al. ,1994;Liu et al. ,2019)。

本研究中沉积物干容重取值为 1.2 $g \cdot cm^{-3}$(Keller et al. ,1985;Deng et al. ,2006)。

飞云江口 WDZB01 站位沉积物有机质埋藏通量变化情况如图 5.1 所示。TOC、TN、陆源有机质、海源有机质、细菌源有机质埋藏通量变化范围分别为 0.2～0.5$g \cdot m^{-2} \cdot a^{-1}$、0.03～0.1$g \cdot m^{-2} \cdot a^{-1}$、219.3～681.9 $g \cdot m^{-2} \cdot a^{-1}$、227.8～4 837.8$g \cdot m^{-2} \cdot a^{-1}$、17.2～470.3 $g \cdot m^{-2} \cdot a^{-1}$,平均值分别为 0.3$g \cdot m^{-2} \cdot a^{-1}$、0.06$g \cdot m^{-2} \cdot a^{-1}$、416.7$g \cdot m^{-2} \cdot a^{-1}$、944.4$g \cdot m^{-2} \cdot a^{-1}$、122.3$g \cdot m^{-2} \cdot a^{-1}$。由计算的沉积速率可知,该区域沉积环境较稳定,柱状沉积物 WDZB01 有机质的埋藏更多地受到有机质含量的影响。

1970—1990 年,TOC、TN、陆源有机质埋藏通量先上升后下降(图 5.1),推测与耕地开垦导致的水土流失和流域水库对陆源物质的拦截有关。1990—2000 年,由于退耕还林及长江输沙量持续降低,陆源有机质埋藏通量持续下降。由于浙江省产业升级,径流带入研究区域的营养盐增加,海洋初级生产力上升,海源有机质、细菌源有机质埋藏通量上升,此时 TOC、TN埋藏通量与海源有机质埋藏通量一致。2000—2010 年,TOC、TN、陆源有机质、海源有机质、细菌源有机质埋藏通量同步减少,长江流域人类活动对飞云江口海域的影响逐渐加深。2010 年以后,TOC、TN、陆源有机质、海源有机质、细菌源有机质埋藏通量有所上升,围海造地活动由农业用地转向用于工业和城镇建设,对沿海海洋的营养供应增加,从而导致飞云江口海域富营养化的加剧。除了人类活动的影响外,气候变化的影响也不能忽视,海表温度对有机质埋藏产生重大影响。有机质埋藏通量的增加确保了有机碳及营养物质从上层水体中有效去除,增加了有机碳汇,对缓解日益增长的富营养化也具有一定作用。

象山港口 LJZB01 站位沉积物有机质埋藏通量变化情况如图 5.2 所示。TOC、TN、陆源有机质、海源有机质、细菌源有机质埋藏通量变化范围分别为 0.2～0.5$g \cdot m^{-2} \cdot a^{-1}$、0.05～0.1$g \cdot m^{-2} \cdot a^{-1}$、76.4～324.9$g \cdot m^{-2} \cdot a^{-1}$、26.1～2 912.8$g \cdot m^{-2} \cdot a^{-1}$、4.6～397.1$g \cdot m^{-2} \cdot a^{-1}$,平均值分别为 0.3$g \cdot m^{-2} \cdot a^{-1}$、0.07$g \cdot m^{-2} \cdot a^{-1}$、173.8$g \cdot m^{-2} \cdot a^{-1}$、538.9$g \cdot m^{-2} \cdot a^{-1}$、100.4$g \cdot m^{-2} \cdot a^{-1}$。由计算的沉积速率可知,该区域沉积环境较稳定,柱状沉积物 LJZB01有机质的埋藏更多地受到有机质含量的影响。

1970 年前,TOC、TN、海源有机质、细菌有机质埋藏通量分布较为稳定表明生态环境较

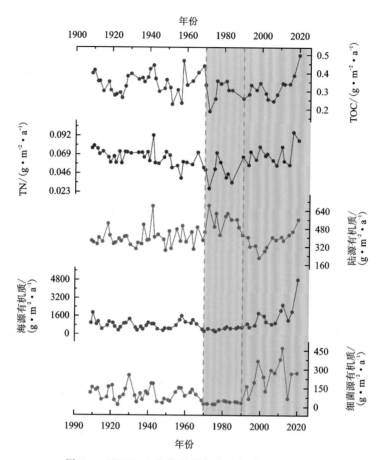

图 5.1　WDZB01 柱状沉积物中有机质埋藏通量

为稳定,此时有机质埋藏通量的变化主要由气候变化或自然过程主导。1970 年后,TOC、TN、海源有机质、细菌有机质埋藏通量开始呈上升趋势,象山港湾内人类活动对象山港口海域的影响日益显现。围海造地活动和海表温度共同影响了初级生产力增长的程度,加剧了港湾内富营养化程度。

　　将飞云江口和象山港口柱状沉积物的沉积速率、有机质的含量、埋藏变化进行比较。根据表 5.1 可知,从沉积速率上来看,象山港口沉积速率高于飞云江口沉积速率,象山港口沉积速率相当于飞云江口沉积速率的 1.28 倍。从有机质的含量上来看,飞云江口整体有机质含量高于象山港口,WDZB01 沉积柱中长链奇碳数正构烷烃含量是 LJZB01 沉积柱的 3.04 倍,低偶碳链脂肪酸的含量是 LJZB01 沉积柱的 2.22 倍。从埋藏通量上看,飞云江口有机质的埋藏通量高于象山港口。以陆源有机质埋藏通量为例,飞云江口陆源有机质的埋藏通量达到象山港口陆源有机质埋藏通量的 2.40 倍,这可能与该区域较高的有机质含量有关。

　　不同区域埋藏通量的变化主要受沉积速率和有机质含量的影响。飞云江口和象山港口的埋藏速率较为稳定,有机质的埋藏通量变化更多地受到有机质含量的影响,而有机质含量与研究区域的气候条件、水动力条件、物质来源和沉积环境的差异有关,以及与气候变化和人类活动的程度有关。

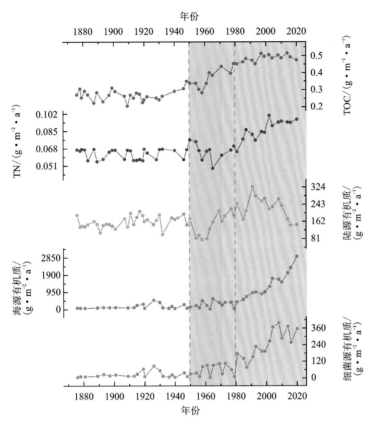

图 5.2　LJZB01 柱状沉积物中有机质埋藏通量

表 5.1　WDZB01 和 LJZB01 柱状沉积物平均沉积速率、有机质含量和埋藏通量比较

站位	沉积速率/ (cm·a⁻¹)	参数	TOC/ (g·m⁻²·a⁻¹)	TN/ (g·m⁻²·a⁻¹)	陆源有机质/ (g·m⁻²·a⁻¹)	海源有机质/ (g·m⁻²·a⁻¹)	细菌源有机质/ (g·m⁻²·a⁻¹)
WDZB01	0.75	含量	0.4±0.06	0.07±0.01	462.9±98.5	1 049.3±714.5	135.9±98.2
		埋藏通量	0.4±0.07	0.06±0.01	416.7±109.5	944.4±793.8	122.3±109.1
LJZB01	0.96	含量	0.3±0.08	0.06±0.01	152.4±44.5	472.7±586.8	88.1±100.9
		埋藏通量	0.3±0.09	0.07±0.01	173.8±50.7	538.9±668.9	100.3±115.1

　　象山港口沉积物 LJZB01 位于半封闭海湾内,湾内拥有大小入海溪流 95 条及大量养殖区,湾外邻近舟山群岛和长江口,受到气候变化和人类活动的双重影响。该海域在养殖区环境的影响下,初级生产力较高。同时,该海域沉积物的供应大部分来自湾内人类活动,由于狭

窄的湾口及舟山群岛的阻隔,长江流域人类活动的影响并不显著。在气候变化的影响下,有机质埋藏通量表现出年代际变化,而随着人类活动的不断加剧,湾内外物质和能量交换进一步受限,生态自调节能力进一步恶化。2010年以后,气候变化加剧了初级生产力增长的程度,加剧了港湾内富营养化程度,导致该海域赤潮频发。

飞云江口沉积物 WDZB01 位于开阔的河口海域,受到气候变化和人类活动的双重影响。该海域在邻近工业发达市区的影响下,初级生产力较高。同时,该海域沉积物的供应大部分来自长江,因此有机质的埋藏还受到长江流域人类活动的影响。在年平均 SST 的影响下,有机质埋藏通量表现出同步变化,而随着人类活动的不断加剧,人类活动的影响日益明显。2000年以后,TOC、TN 和海源有机质埋藏通量的先减少再增加归因于长江流域大型水利设施的运行,以及河流输入的高营养盐通量,这种现象同样发生在长江口海域。相比之下,飞云江口海域沉积物供应较为稳定,不似长江口区域近年来沉积环境发生的剧烈变化(Liu et al.,2009)。

此外,象山港口相较于飞云江口离长江口的距离更近,然而象山港口的有机质含量却比飞云江口的低很多,但这并不能代表象山港口的生产力比飞云江口的低。存在这一现象的原因可能有两个方面:一方面,沉积物流入对有机质的稀释作用不容忽视,长江每年携带巨量泥沙和一定量的陆源物质入海,对象山港口有机质的含量有稀释效应;另一方面,在复杂的水动力条件和地理环境的作用下,象山港口水柱中颗粒有机质的停留时间较长,有利于有机质的转化与分解,最终导致少量有机质在沉积物中保存下来。

主要参考文献

操云云，邢磊，王星辰，等，2018. 渤海—北黄海表层沉积物中正构烷烃的组合特征及其指示意义的探讨[J]. 中国海洋大学学报:自然科学版，48(3):10.

曹璐，2012. 长江口及邻近海域生态环境演变的沉积记录[D]. 青岛:中国海洋大学.

陈彬，胡利民，邓声贵，等，2011. 渤海湾表层沉积物中有机碳的分布与物源贡献估算[J]. 海洋地质与第四纪地质，31(5):37-42.

陈道信，陈木永，张弛，2009. 围垦工程对温州近海及河口水动力的影响[J]. 河海大学学报(自然科学版)，37(4):457-462.

陈黄蓉，张靖玮，王胜强，等，2020. 长江口及邻近海域的浊度日变化遥感研究[J]. 光学学报，40(5):34-46.

陈吉余，1988. 上海市海岸带和海涂资源综合调查报告[M]. 上海:上海科学技术出版社.

陈家宽，2003. 上海九段沙湿地自然保护区科学考察集[M]. 北京:科学出版社.

陈立雷，刘健，李凤，2018. 近160年来闽浙泥质区游离态脂肪酸的分布特征及其环境指示意义[J]. 第四纪研究，38(2):297-305.

陈立雷，2018. 东海闽浙沿岸全新世古气候和古环境演变的生物标志物记录[D]. 武汉:中国地质大学(武汉).

陈敏，侯一筠，赵保仁，2003. 冬季东中国海环流中的中尺度涡旋数值模拟[J]. 海洋科学，27(1):53-60.

陈星星，黄振华，潘齐存，等，2017. 飞云江入海口表层沉积物中重金属污染及潜在生态危害评价[J]. 浙江农业学报，29(10):1706-1711.

程鹏，曾广恩，2022. 飞云江流域水文要素演变及响应关系研究[J]. 浙江水利科技，50(3):27-32.

褚宏大，2007. 东海赤潮高发区沉积物中正构烷烃,脂肪酸的组成与分布[D]. 青岛:中国海洋大学.

戴民汉，魏俊峰，翟惟东，2001. 南海碳的生物地球化学研究进展[J]. 厦门大学学报:自然科学版，40(2):545-551.

丁玲，邢磊，赵美训，2010. 生物标志物重建浮游植物生产力及群落结构研究进展[J]. 地球科学进展，25(9):981-989.

杜景龙，杨世伦，陈德超，2012. 三峡工程对现代长江三角洲地貌演化影响的初步研究[J]. 海洋通报(5):489-495.

杜天君，2011. 黄河三角洲潮间带区域脂类有机碳的来源和埋藏特征[D]. 青岛：中国海洋大学.

范正利，陈坚，郑伊诺，等，2018. 瑞安飞云江入海口水质分析与评价[J]. 广州化工，46(6)：97-100.

方倩，张传松，王修林，2010. 东海赤潮高发区COD的平面分布特征及其影响因素[J]. 中国海洋大学学报：自然科学版(S1)：173-178.

冯辉强，2010. 象山港生态环境修复治理探讨[J]. 海洋开发与管理，27(9)：54-57.

高倩，徐兆礼，2009. 瓯江口水域夏、秋季浮游动物数量时空分布特征[J]. 中国水产科学，16(3)：372-380.

管秉贤，1978. 南海暖流：广东外海一支冬季逆风流动的海流[J]. 海洋与湖沼(2)：117-127.

郭新宇，张海龙，李莉，等，2020. 近30年来东海长江口泥质区浮游植物生产力与群落结构变化的生物标志物记录[J]. 中国海洋大学学报（自然科学版），50(2)：85-94.

郭志刚，杨作升，陈致林，等，2001. 东海陆架泥质区沉积有机质的物源分析[J]. 地球化学，30(5)：416-424.

何鹏程，江静，2011. PDO对西北太平洋热带气旋活动与大尺度环流关系的影响[J]. 气象科学，31(3)：266-273.

胡春宏，王延贵，陈森美，等，2012. 浙江沿海海域泥沙变化及其对滩涂变化的影响[J]. 浙江水利科技(6)：1-4.

胡敦欣，1979. 风生沿岸上升流及沿岸流的一个非稳态模式[J]. 海洋与湖沼(2)：93-102.

胡敦欣，丁宗信，熊庆成，1980. 东海北部一个气旋型涡旋的初步分析[J]. 科学通报，25(1)：29-31.

胡颢琰，唐静亮，黄备，等，2008. 舟山渔场及其相邻赤潮高发区麻痹性贝类毒素研究[J]. 海洋与湖沼(5)：475-481.

江辉煌，2012. 渤海沉积物中生源要素的研究[D]. 青岛：中国海洋大学.

蒋高明，2018. 海洋生态系统[J]. 绿色中国(1)：62-65.

金海燕，2009. 近百年来长江口浮游植物群落变化的沉积记录研究[D]. 杭州：浙江大学.

经志友，齐义泉，华祖林，2007. 闽浙沿岸上升流及其季节变化的数值研究[J]. 河海大学学报：自然科学版，35(4)：464-470.

李峰，何金海，2000. 北太平洋海温异常与东亚夏季风相互作用的年代际变化[J]. 热带气象学报，16(3)：260-271.

李凤，刘亚娟，王江涛，等，2014. 东海赤潮高发区沉积物柱状样中正构烷烃和脂肪醇的分布与来源[J]. 沉积学报，32(5)：988-995.

李加林，田鹏，邵姝遥，等，2019. 中国东海区大陆岸线变迁及其开发利用强度分析[J]. 自然资源学报，34(9)：1886-1901.

李家彪,2008. 东海区域地质[M]. 北京:海洋出版社.

李宁,2006. 长江口与胶州湾海水有机碳的分布、来源及与氮、磷的耦合关系[D]. 青岛:中国科学院海洋研究所.

李婷,黄秀清,黄晓琛,2023. 基于遥感技术的海岸带的生态综合评价:以象山港为例[J]. 海洋湖沼通报,45(1):90-97.

李祎,郑伟,郑天凌,2013. 海洋微生物多样性及其分子生态学研究进展[J]. 微生物学通报(4):655-668.

刘畅,2018. 近5万年来东沙海区分子有机地球化学记录的古气候/环境变化[D]. 北京:中国科学院大学.

刘芳,2011. 海洋中环环相扣的食物链[M]. 合肥:安徽文艺出版社.

刘晶晶,张江勇,陈云如,等,2016. 基于叶蜡正构烷烃重建的南海及周边地区植被类型[J]. 第四纪研究,36(3):553-563.

刘明,张爱滨,廖永杰,等,2015. 渤海中部油气开采区沉积物中石油烃环境质量[J]. 海洋环境科学,34(1):12-16.

刘亚娟,王江涛,贺行良,2012. 东海赤潮高发区沉积物中脂肪酸分布及物源指示意义[J]. 海洋环境科学,31(6):803-807.

卢晓燕,曾金年,2006. 浙江省滩涂资源的动态变化分析[J]. 海洋学研究(S1):67-72.

吕晓霞,翟世奎,2006. 长江口柱状沉积物中甾醇的组成特征及其地球化学意义[J]. 海洋学报(中文版),28(4):96-101.

马海青,冯环,王旭晨,2009. 渤海湾和胶州湾表层沉积物中甾醇的分布和来源[J]. 海洋科学,33(6):73-79+85.

潘耀辉,2007. 大规模滩涂围垦对河口海湾水质环境影响及其景观机理的研究[D]. 杭州:浙江大学.

潘玉萍,沙文钰,2004. 冬季闽浙沿岸上升流的数值研究[J]. 海洋与湖沼,35(3):193-201.

潘玉球,徐端蓉,许建平,1985. 浙江沿岸上升流区的锋面结构、变化及其原因[J]. 海洋学报(中文版),7(4):401-411.

齐继峰,尹宝树,杨德周,等,2014. 东海黑潮流量的年际和年代际变化[J]. 海洋与湖沼,45(6):1141-1147.

齐继峰,2014. 东海水团特征及黑潮与东海陆架水交换研究[D]. 青岛:中国科学院海洋研究所.

齐君,李凤业,宋金明,2004. 同位素示踪技术在海洋环境研究中的应用[J]. 东海海洋(4):12-17.

秦蕴珊,1987. 东海地质[M]. 北京:科学出版社.

施能,鲁建军. 东亚冬,1996.夏季风百年强度指数及其气候变化[J]. 南京气象学院学报,19(2):168-177.

施能,朱乾根,2000. 1873—1995 年东亚冬、夏季风强度指数[J]. 气象科技,28(3):

14-18.

施雅风,姜彤,苏布达,等,2004. 1840年以来长江大洪水演变与气候变化关系初探[J]. 湖泊科学(4):289-297.

史光前,陈敏,2006. 试论长江流域洪水灾害风险管理[J]. 人民长江,37(9):10-18.

宋金明,徐永福,胡维平,2008. 中国近海与湖泊碳的生物地球化学[M]. 北京:科学出版社.

苏纪兰,袁业立,2005. 中国近海水文[M]. 北京:海洋出版社.

苏志清,钱清瑛,1988. 台湾暖流起源的研究[J]. 山东海洋学院学报(1):12-19.

孙鲁峰,柯昶,徐兆礼,等,2013. 上升流和水团对浙江中部近海浮游动物生态类群分布的影响[J]. 生态学报,33(6):1811-1821.

孙云明,宋金明,2001. 海洋沉积物-海水界面附近氮、磷、硅的生物地球化学[J]. 地质论评,47(5):527-534.

谭红建,蔡榕硕,黄荣辉,2016. 中国近海海表温度对气候变暖及暂缓的显著响应[J]. 气候变化研究进展,12(6):500-507.

汤琳,张锦平,许兆礼,等,2007. 长江口邻近水域浮游植物群落动态变化及其环境因子的研究[J]. 中国环境监测(2):97-101.

唐嘉威,于南京,郑基,等,2021. 舟山渔场大小鱼山附近海域鱼类群落结构及生物多样性[J]. 浙江海洋大学学报:自然科学版,40(3):209-233.

田元,2016. 近百年来东海内陆架泥质区事件沉积的识别和重建[D]. 青岛:中国海洋大学.

王保栋,战闰,藏家业,2002. 长江口及其邻近海域营养盐的分布特征和输送途径[J]. 海洋学报(中文版),24(1):53-58.

王妃,邢磊,张海龙,等,2012. 类脂生物标志物重建近150年来东海陆架区DH5-1站位浮游植物生态结构及陆源输入的变化[J]. 中国海洋大学学报(自然科学版),42(11):66-72.

王菲菲,章守宇,林军,2013. 象山港海洋牧场规划区叶绿素a分布特征研究[J]. 上海海洋大学学报,22(2):266-273.

王辉,1995. 东海和南黄海冬季环流的斜压模式[J]. 海洋学报,17(2):21-26.

王江涛,曹婧,2012. 长江口海域近50a来营养盐的变化及其对浮游植物群落演替的影响[J]. 海洋环境科学,31(3):310-315.

王金鹏,姚鹏,孟佳,等,2015. 基于水淘选分级的长江口及其邻近海域表层沉积物中有机碳的来源、分布和保存[J]. 海洋学报(中文版),37(6):41-57.

王可,郑洪波,PRINS M,等,2008. 东海内陆架泥质沉积反映的古环境演化[J]. 海洋地质与第四纪地质(4):1-10.

王越奇,宋金明,李学刚,等,2018. 台湾东部黑潮区海源碳的沉积物记录与近千年来生产力与气候变化的反演[J]. 海洋学报,40(10):131-142.

王正方,张庆,吕海燕,2001. 温度、盐度、光照强度和pH对海洋原甲藻增长的效应[J]. 海洋与湖沼,32(1):15-18.

魏永杰,何东海,费岳军,等,2015.象山港海域生态分区研究[J].应用海洋学学报,34(4):509-517.

文玉,2005.长江流域洪灾回顾[J].中国减灾(9):48.

翁学传,王从敏,1983.台湾暖流深层水变化特征的分析[J].海洋与湖沼,14(4):357-366.

翁学传,王从敏,1985.台湾暖流水的研究[J].海洋科学(1):9-12.

吴燕妮,李冬玲,叶林安,等,2017.象山港海域水质与沉积物主要污染因子及污染源分析[J].海洋环境科学,36(3):328-335.

吴一帆,管红香,许兰芳,等,2022.南海北部海马冷泉区表层沉积物的 AOM 生物标志化合物特征及意义[J].地球科学,47(8):3005-3015.

夏平,陆斗定,朱德弟,等,2007.浙江近岸海域赤潮发生的趋势与特点[J].海洋学研究,25(2):47-56.

谢树成,梁斌,郭建秋,等,2003.生物标志化合物与相关的全球变化[J].第四纪研究,23(5):521-528.

徐笑梅,高抒,周亮,等,2019.海南岛东北部海岸极端波浪事件沉积记录[J].海洋学报,41(6):48-63.

颜廷壮,1992.浙江和琼东沿岸上升流的成因分析[J].海洋学报,14(3):12-18.

杨德周,许灵静,尹宝树,等,2017.黑潮跨陆架入侵东海年际变化的数值模拟[J].海洋与湖沼,48(6):1318-1327.

杨修群,朱益民,谢倩,等,2004.太平洋年代际振荡的研究进展[J].大气科学,28(6):979-992.

杨颖,徐韧,2015.近 30a 来长江口海域生态环境状况变化趋势分析[J].海洋科学,39(10):101-107.

杨照祥,薛成凤,杨阳,等,2020.百年尺度东海内陆架风暴事件重建:器测记录与沉积记录耦合[J].海洋学报(中文版),42(7):119-129.

杨志,冉莉华,徐晓群,等,2018.象山港水体的磷酸盐及其对赤潮的潜在影响[J].海洋学报,40(10):61-70.

杨作升,陈晓辉,2007.百年来长江口泥质区高分辨率沉积粒度变化及影响因素探讨[J].第四纪研究,27(5):40-49.

尹维翰,2007.象山港海域营养元素的地球化学特征及对环境的影响评价[D].青岛:中国海洋大学.

于宇,宋金明,李学刚,等,2012.沉积物生源要素对水体生态环境变化的指示意义[J].生态学报,32(5):1623-1632.

俞存根,陈小庆,胡颢琰,等,2011.舟山渔场及邻近海域浮游动物种类组成及群落结构特征[J].水生生物学报,35(1):183-193.

张传松,王江涛,朱德弟,等,2008.2005 年春夏季东海赤潮过程中营养盐作用初探[J].海洋学报,30(3):153-159.

张福星,姚玉娟,马林芳,2016. 温州沿海赤潮发生的水文气象条件及赤潮特征分析[J]. 海洋预报,33(5):89-94.

张海波,蔡燕红,项有堂,2005. 象山港水域浮游植物与赤潮生物种群动态研究[J]. 海洋通报(1):92-96.

张海龙,2008. 东海和黄海表层沉积物中类脂生物标志物的分布特征和古生态重建[D]. 青岛:中国海洋大学.

张凌,陈繁荣,殷克东,等,2010. 珠江口及近海表层沉积有机质的特征和来源[J]. 热带海洋学报,29(1):98-103.

张瑞,汪亚平,潘少明,2011. 近50年来长江入海径流量对太平洋年代际震荡变化的响应[J]. 海洋通报,30(5):572-577.

张生,朱诚,2001. 长江流域水土流失及其对洪灾的影响[J]. 水土保持学报(6):9-13.

张兴泽,2021. 浙闽沿岸泥质潮滩沉积物源研究[D]. 金华:浙江师范大学.

张咏华,吴自军,2019. 陆架边缘海沉积物有机碳矿化及其对海洋碳循环的影响[J]. 地球科学进展,34(2):202-209.

赵保仁,1982. 局地风对黄海和东海近岸浅海海流影响的研究[J]. 海洋与湖沼(6):479-490.

赵保仁,1993. 长江口外的上升流现象[J]. 海洋学报,15(2):108-114.

赵宾峰,2016. 基于主成分分析法的象山港增养殖区水质评价[J]. 海洋开发与管理(8):47-50.

赵辰,周玉萍,庞宇,等,2021. 富营养化条件下浙江象山港可溶性有机质的光谱和分子特征初探[J]. 中国科学:地球科学,51(8):1258-1274.

赵美训,张玉琢,邢磊,等,2011. 南黄海表层沉积物中正构烷烃的组成特征、分布及其对沉积有机质来源的指示意义[J]. 中国海洋大学学报:自然科学版,41(4):90-96.

浙江省水利水电勘测设计院,2005. 浙江省滩涂围垦总体规划[R]. 杭州:浙江省水利水电勘测设计院.

郑云龙,朱红文,罗益华,2000. 象山港海域水质状况评价[J]. 海洋环境科学,19(1):56-59.

中国海湾志编纂委员会,1993. 中国海湾志(第六分册)[M]. 北京:海洋出版社.

中国水利水电科学研究院,浙江省水利河口研究院,华东师范大学,2010. 浙江省沿海海域泥沙来源、运动规律及其对滩涂演变的影响[R]. 北京:中国水利水电科学研究院.

钟颖旻,徐明,2007. 大尺度环流系统对西北太平洋变性TC频数影响的气候诊断分析[J]. 成都信息工程学院学报,22(3):374-378.

钟兆站,1997. 中国海岸带自然灾害与环境评估[J]. 地理科学进展,16(1):44-50.

朱军政,徐有成,2009. 浙江沿海超强台风风暴潮灾害的影响及其对策[J]. 海洋学研究(2):104-110.

朱谦,2018. 春季东海沿岸东海原甲藻藻华与环境因子和水体氮循环过程的关系研究[D]. 厦门:厦门大学.

朱乾根,施能,1997. 近百年北半球冬季大气活动中心的长期变化及其与中国气候变化的关系[J]. 气象学报(6):750-758.

ACKMAN R G, TOCHER C S, MCLACHLAN J, 1968. Marine phytoplankter fatty acids[J]. Journal of the Fisheries Board of Canada, 25(8): 1603-1620.

ALLEN J T, BROWN L, SANDERS R, et al., 2005. Diatom carbon export enhanced by silicate upwelling in the northeast Atlantic[J]. Nature, 437(7059): 728-732.

BANOO S, ACHARYA C, BEHERA R R, et al., 2022. Phytoplankton population dynamics in relation to environmental variables at Paradip Port, East Coast of India[J]. Thalassas: An International Journal of Marine Sciences, 38(2): 1135-1153.

BAO B, REN G, 2014. Climatological characteristics and long-term change of SST over the marginal seas of China[J]. Continental Shelf Research, 77: 96-106.

BELL M A, BLAIS J M, 2021. Paleolimnology in support of archeology: a review of past investigations and a proposed framework for future study design[J]. Journal of Paleolimnology, 65(1): 1-32.

BENNER R, FOGEL M L, SPRAGUE E K, et al., 1987. Depletion of ^{13}C in lignin and its implications for stable carbon isotope studies[J]. Nature, 329: 708-710.

BIANCHI T S, ALLISON M A, 2009. Large-river delta-front estuaries as natural "recorders" of global environmental change[J]. Proceedings of the National Academy of Sciences, 106(20): 8085-8092.

BLAGA C I, REICHART G J, HEIRI O, et al., 2009. Tetraether membrane lipid distributions in water-column particulate matter and sediments: a study of 47 European lakes along a north-south transect[J]. Journal of Paleolimnol, 41(3): 523-540.

BLUMENBERG M, SEIFERT R, REITNER J, et al., 2004. Membrane lipid patterns typify distinct anaerobic methanotrophic consortia[J]. Proceedings of the National Academy of Sciences, 101(30): 11111-11116.

BORAPHECH P, THIRAVETYAN P, 2015. Trimethylamine (fishy odor) adsorption by biomaterials: effect of fatty acids, alkanes, and aromatic compounds in waxes[J]. Journal of Hazardous Materials, 284: 269-277.

CAO Y Y, XING L, ZHANG T, et al., 2017. Multi-proxy evidence for decreased terrestrial contribution to sedimentary organic matter in coastal areas of the East China Sea during the past 100 years[J]. Science of The Total Environment, 599/600: 1895-1902.

CARRIE R H, MITCHELL L, BLACK K D, 1998. Fatty acids in surface sediment at the Hebridean shelf edge, west of Scotland[J]. Organic Geochemistry, 29(5-7): 1583-1593.

CASTAÑEDA I S, SCHOUTEN S, 2011. A review of molecular organic proxies for examining modern and ancient lacustrine environments[J]. Quaternary Science Reviews, 30(21/22): 2851-2891.

CHAI C, YU Z M, SHEN Z L, et al. , 2009. Nutrient characteristics in the Yangtze River Estuary and the adjacent East China Sea before and after impoundment of the Three Gorges Dam[J]. Science of the Total Environment, 407(16): 4687-4695.

CHEN C T A, 2009. Chemical and physical fronts in the Bohai, Yellow and East China seas[J]. Journal of Marine Systems, 78(3): 394-410.

CHEN J, LI F, HE X P, et al. , 2019. Lipid biomarker as indicator for assessing the input of organic matters into sediments and evaluating phytoplankton evolution in upper water of the East China Sea[J]. Ecological Indicators, 101: 380-387.

CHEN L, LI F, LIU J, et al. , 2021a. Multiple lipid biomarkers record organic matter sources and paleoenvironmental changes in the East China Sea coast over the past 160 years [J]. The Holocene, 31(1): 16-27.

CHEN L, LI F, LIU J, et al. , 2021b. Long-chain alkyl diols as indicators of local riverine input, temperature, and upwelling in a shelf south of the Yangtze River Estuary in the East China Sea[J]. Marine Geology, 440: 106573-106583.

CHEN L, LIU J, XING L, et al. , 2017. Historical changes in organic matter input to the muddy sediments along the Zhejiang-Fujian Coast, China over the past 160 years[J]. Organic Geochemistry, 111: 13-25.

CHEN M L, JIN M, TAO P, et al. , 2018. Assessment of microplastics derived from mariculture in Xiangshan Bay, China[J]. Environmental Pollution, 242: 1146-1156.

CHEN M, LI D W, LI L, et al. , 2023. Phytoplankton productivity and community structure changes in the middle Okinawa Trough since the last deglaciation [J]. Palaeogeography, Palaeoclimatology, Palaeoecology, 610: 111349-111359.

CHENG Z Y, YU F L, RUAN X Y, et al. , 2021. GDGTs as indicators for organic-matter sources in a small subtropical river-estuary system[J]. Organic Geochemistry, 153: 104180.

CHU T V, TORRÉTON J P, MARI X, et al. , 2014. Nutrient ratios and the complex structure of phytoplankton communities in a highly turbid estuary of Southeast Asia[J]. Environmental Monitoring and Assessment, 186(12): 8555-8572.

CHU Z X, ZHAI S K, LU X X, et al. , 2009. A quantitative assessment of human impacts on decrease in sediment flux from major Chinese rivers entering the western Pacific Ocean[J]. Geophysical Research Letters, 36(19):1-5.

CIFUENTES L A, ELDRIDGE P M, 1998. A mass-and isotope-balance model of DOC mixing in estuaries[J]. Limnology and Oceanography, 43(8): 1872-1882.

CONTE M H, WEBER J C, 2002. Long-range atmospheric transport of terrestrial biomarkers to the western North Atlantic[J]. Global Biogeochemical Cycles, 16(4):1-17.

CRANWELL P A, 1982. Lipids of aquatic sediments and sedimenting particulates[J]. Progress in lipid research, 21(4): 271-308.

DAMSTÉ J S S, OSSEBAAR J, ABBAS B, et al. , 2009. Fluxes and distribution of tetraether lipids in an equatorial African lake: Constraints on the application of the TEX$_{86}$ palaeothermometer and BIT index in lacustrine settings[J]. Geochimica et Cosmochimica Acta, 73(14): 4232-4249.

DAMSTÉ J S S, RIJPSTRA W I C, HOPMANS E C, et al. , 2002. Distribution of membrane lipids of planktonic crenarchaeota in the Arabian Sea [J]. Applied and Environmental Microbiology, 68(6): 2997-3002.

DAMSTÉ J S S, RAMPEN S, IRENE W, et al. , 2003. A diatomaceous origin for long-chain diols and mid-chain hydroxy methyl alkanoates widely occurring in quaternary marine sediments: indicators for high-nutrient conditions[J]. Geochimica et Cosmochimica Acta, 67(7): 1339-1348.

DE BAR M W, DORHOUT D J C, HOPMANS E C, et al. , 2016. Constraints on the application of long chain diol proxies in the Iberian Atlantic margin [J]. Organic Geochemistry, 101: 184-195.

DE BAR M W, STOLWIJK D J, MCMANUS J F, et al. , 2018. A Late Quaternary climate record based on long-chain diol proxies from the Chilean margin[J]. Climate of the Past, 14(11): 1783-1803.

DE BAR M W, ULLGREN J E, THUNNELL R C, et al. , 2019. Long-chain diols in settling particles in tropical oceans: insights into sources, seasonality and proxies[J]. Biogeosciences, 16(8): 1705-1727.

DE LEEUW J W, IRENE W, RIJPSTRA C, et al. , 1981. The occurrence and identification of C$_{30}$, C$_{31}$ and C$_{32}$ alkan-1, 15-diols and alkan-15-one-1-ols in Unit I and Unit II Black Sea sediments[J]. Geochimica et Cosmochimica Acta, 45(11): 2281-2285.

DEMASTER D J, MCKEE B A, NITTROUER C A, et al. , 1985. Rates of sediment accumulation and particle reworking based on radiochemical measurements from continental shelf deposits in the East China Sea[J]. Continental Shelf Research, 4(1/2): 143-158.

DENG B, ZHANG J, WU Y, 2006. Recent sediment accumulation and carbon burial in the East China Sea[J]. Global Biogeochemical Cycles, 20(3):1-12.

DUAN L Q, SONG J M, YUAN H M, et al. , 2017. The use of sterols combined with isotope analyses as a tool to identify the origin of organic matter in the East China Sea[J]. Ecological Indicators, 83: 144-157.

DUAN S, XING L, ZHANG H, et al. , 2014. Upwelling and anthropogenic forcing on phytoplankton productivity and community structure changes in the Zhejiang coastal area over the last 100 years[J]. Acta Oceanologica Sinica, 33(10): 1-9.

EGLINTON G, HAMILTON R J, 1967. Leaf epicuticular waxes: the waxy outer surfaces of most plants display a wide diversity of fine structure and chemical constituents [J]. Science, 156(3780): 1322-1335.

FICKEN K J, LI B, SWAIN D L, et al. , 2000. An *n*-alkane proxy for the sedimentary input of submerged/floating freshwater aquatic macrophytes[J]. Organic geochemistry, 31 (7/8): 745-749.

FREEMAN K H, WAKEHAM S G, HAYES J M, 1994. Predictive isotopic biogeochemistry: hydrocarbons from anoxic marine basins[J]. Organic Geochemistry, 21 (6/7): 629-644.

FU P, KAWAMURA K, BARRIE L A, 2009. Photochemical and other sources of organic compounds in the canadian high arctic aerosol pollution during winter-spring[J]. Environmental Science & Technology, 43(2): 286-292.

GARCÍA C C, CHANG C Y, YE L, et al. , 2014. Mesozooplankton size structure in response to environmental conditions in the East China Sea: how much does size spectra theory fit empirical data of a dynamic coastal area? [J]. Progress in Oceanography, 121: 141-157.

GONG G C, CHANG J, CHIANG K P, et al. , 2006. Reduction of primary production and changing of nutrient ratio in the East China Sea: effect of the Three Gorges Dam? [J]. Geophysical Research Letters, 33(7): 3716-3730.

GOÑI M A, CATHEY M W, KIM Y H, et al. , 2005. Fluxes and sources of suspended organic matter in an estuarine turbidity maximum region during low discharge conditions[J]. Estuarine, Coastal and Shelf Science, 63(4): 683-700.

GOÑI M A, RUTTENBERG K C, EGLINTON T I, 1998. A reassessment of the sources and importance of land-derived organic matter in surface sediments from the Gulf of Mexico[J]. Geochimica et Cosmochimica Acta, 62(18): 3055-3075.

GOÑI M A, RUTTENBERG K C, EGLINTON T I, 1997. Sources and contribution of terrigenous organic carbon to surface sediments in the Gulf of Mexico[J]. Nature, 389 (6648): 275-278.

GRIMALT J O, FERNANDEZ P, BAYONA J M, et al. , 1990. Assessment of fecal sterols and ketones as indicators of urban sewage inputs to coastal waters [J]. Environmental Science & Technology, 24(3): 357-363.

GUICAI S, SHENGYIN Z, WEI Y, et al. , 2020. The application of GDGTs proxies to the Bohai sea[J]. Journal of Radioanalytical and Nuclear Chemistry, 326(2): 925-931.

GUO Z, LIN T, ZHANG G, et al. , 2006. High-resolution depositional records of polycyclic aromatic hydrocarbons in the central continental shelf mud of the East China Sea [J]. Environmental science & technology, 40(17): 5304-5311.

HARE S R, MANTUA N J, 2000. Empirical evidence for North Pacific regime shifts in 1977 and 1989[J]. Progress in oceanography, 47(2-4): 103-145.

HE Q, BERTNESS M D, BRUNO J F, et al. , 2015. Economic development and coastal ecosystem change in China[J]. Scientific Reports, 4(1): 5995.

HEDGES J I, KEIL R G, 1995. Sedimentary organic matter preservation: an assessment and speculative synthesis[J]. Marine chemistry, 49(2-3): 81-115.

HEDGES J I, KEIL R G, BENNER R, 1997. What happens to terrestrial organic matter in the ocean? [J]. Organic geochemistry, 27(5-6): 195-212.

HODELL D A, SCHELSKE C L, 1998. Production, sedimentation, and isotopic composition of organic matter in Lake Ontario[J]. Limnology and Oceanography, 43(2): 200-214.

HOPMANS E C, WEIJERS J W H, SCHEFUBE, et al., 2004. A novel proxy for terrestrial organic matter in sediments based on branched and isoprenoid tetraether lipids [J]. Earth and Planetary Science Letters, 224(1-2): 107-116.

HU B, YANG Z, WANG H, et al., 2009. Sedimentation in the Three Gorges Dam and the future trend of Changjiang (Yangtze River) sediment flux to the sea[J]. Hydrology and Earth System Sciences, 13(11): 2253-2264.

HU J, JIA G, MAI B, et al., 2006. Distribution and sources of organic carbon, nitrogen and their isotopes in sediments of the subtropical Pearl River estuary and adjacent shelf, Southern China[J]. Marine chemistry, 98(2-4): 274-285.

HUANG X P, HUANG L M, YUE W Z, 2003. The characteristics of nutrients and eutrophication in the Pearl River estuary, South China[J]. Marine pollution bulletin, 47(1/6): 30-36.

HUANG X, ZENG Z, CHEN S, et al., 2015. Abundance and distribution of fatty acids in sediments of the South Mid-Atlantic Ridge[J]. Journal of Ocean University of China, 14: 277-283.

HUGUET C, DE LANGE G J, GUSTAFSSON Ö, et al., 2008. Selective preservation of soil organic matter in oxidized marine sediments (Madeira Abyssal Plain)[J]. Geochimica et Cosmochimica Acta, 72(24): 6061-6068.

INGALL E, JAHNKE R, 1994. Evidence for enhanced phosphorus regeneration from marine sediments overlain by oxygen depleted waters[J]. Geochimica et Cosmochimica Acta, 58(11): 2571-2575.

JIANG Z, DU P, LIU J, et al., 2019. Phytoplankton biomass and size structure in Xiangshan Bay, China: Current state and historical comparison under accelerated eutrophication and warming[J]. Marine pollution bulletin, 142: 119-128.

JIANG Z, LIU J, LI S, et al., 2020. Kelp cultivation effectively improves water quality and regulates phytoplankton community in a turbid, highly eutrophic bay[J]. Science of the Total Environment, 707: 135561.

JOHNS R B, BRADY B A, BUTLER M S, et al., 1994. Organic geochemical and geochemical studies of Inner Great Barrier Reef sediments: IV. identification of terrigenous and marine sourced inputs[J]. Organic Geochemistry, 21(10/11): 1027-1035.

KANG M, YANG F, REN H, et al., 2017. Influence of continental organic aerosols to the marine atmosphere over the East China Sea: insights from lipids, PAHs and phthalates[J]. Science of The Total Environment, 607/608: 339-350.

KELLER G H, YINCAN Y, 1985. Geotechnical properties of surface and near-surface deposits in the East China Sea[J]. Continental Shelf Research, 4(1/2): 159-174.

KEMARAU R A, VALENTINE E O, 2022. How do El Niño Southern Oscillation (ENSO) events impact fish catch in Sarawak water? [J]. Journal of Physics: Conference Series, 2314(1): 012013.

KHOT M, SIVAPERUMAL P, JADHAV N, et al., 2018. Diversity and composition of phytoplankton around Jaitapur coast, Maharashtra, India [J]. Indian Journal of Geomarine Sciences, 47(12):2429-2441.

KILLOPS V J, KILLOPS S D, 2013. Introduction to organic geochemistry[M]. New York:John Wiley & Sons.

LATTAUD J, KIM J H, DE JONGE C, et al., 2017. The C_{32} alkane-1,15-diol as a tracer for riverine input in coastal seas[J]. Geochimica et Cosmochimica Acta, 202: 146-158.

LEBRETON B, RICHARD P, GALOIS R, et al., 2011. Trophic importance of diatoms in an intertidal Zostera noltii seagrass bed: evidence from stable isotope and fatty acid analyses[J]. Estuarine, Coastal and Shelf Science, 92(1): 140-153.

LI L, NI J, CHANG F, et al., 2020. Global trends in water and sediment fluxes of the world's large rivers[J]. Science Bulletin, 65(1): 62-69.

LI M, WANG H, LI Y, et al., 2016. Sedimentary BSi and TOC quantifies the degradation of the Changjiang Estuary, China, from river basin alteration and warming SST [J]. Estuarine, Coastal and Shelf Science, 183: 392-401.

LI M, XU K, WATANABE M, et al., 2007. Long-term variations in dissolved silicate, nitrogen, and phosphorus flux from the Yangtze River into the East China Sea and impacts on estuarine ecosystem[J]. Estuarine, Coastal and Shelf Science, 71(1-2): 3-12.

LI Y, LIN J, XU X P, et al., 2022. Multiple biomarkers for indicating changes of the organic matter source over the last decades in the Min-Zhe sediment zone, the East China Sea[J]. Ecological Indicators, 139: 108917.

LI Y, WANG A, QIAO L, et al., 2012. The impact of typhoon Morakot on the modern sedimentary environment of the mud deposition center off the Zhejiang-Fujian coast, China[J]. Continental Shelf Research, 37: 92-100.

LI Z, PETERSE F, WU Y, et al., 2015. Sources of organic matter in Changjiang (Yangtze River) bed sediments: preliminary insights from organic geochemical proxies[J]. Organic Geochemistry, 85: 11-21.

LIU D, LI X, EMEIS K C, et al., 2015. Distribution and sources of organic matter in surface sediments of Bohai Sea near the Yellow River Estuary, China[J]. Estuarine, Coastal and Shelf Science, 165: 128-136.

LIU J P, LI A C, XU K H, et al., 2006. Sedimentary features of the Yangtze River-derived along-shelf clinoform deposit in the East China Sea[J]. Continental Shelf Research, 26(17/18): 2141-2156.

LIU J P, XU K H, LI A C, et al., 2007. Flux and fate of Yangtze River sediment delivered to the East China Sea[J]. Geomorphology, 85(3/4): 208-224.

LIU W, CHU X, XU H, et al., 2022. Migration behavior of two-component gases among CO_2, N_2 and O_2 in coal particles during adsorption[J]. Fuel, 313: 123003.

LÜ X, YANG H, SONG J, et al., 2014. Sources and distribution of isoprenoid glycerol dialkyl glycerol tetraethers (GDGTs) in sediments from the east coastal sea of China: application of GDGT-based paleothermometry to a shallow marginal sea[J]. Organic Geochemistry, 75: 24-35.

MA R, JI S, MA J, et al., 2022. Exploring resource and environmental carrying capacity and suitability for use in marine spatial planning: a case study of Wenzhou, China [J]. Ocean & Coastal Management, 226: 106258.

MANTUA N J, HARE S R, 2002. The Pacific decadal oscillation[J]. Journal of oceanography, 58: 35-44.

MANTUA N J, HARE S R, ZHANG Y, et al., 1997. A Pacific interdecadal climate oscillation with impacts on salmon production[J]. Bulletin of the american Meteorological Society, 78(6): 1069-1080.

MATSUMOTO G I, AKIYAMA M, WATANUKI K, et al., 1990. Unusual distributions of long-chain n-alkanes and n-alkenes in Antarctic soil [J]. Organic Geochemistry, 15(4): 403-412.

MCMAHON R, TAVERAS Z, NEUBERT P, et al., 2021. Organic biomarkers and Meiofauna diversity reflect distinct carbon sources to sediments transecting the Mackenzie continental shelf[J]. Continental Shelf Research, 220: 104406.

MEAD R, XU Y, CHONG J, et al., 2005. Sediment and soil organic matter source assessment as revealed by the molecular distribution and carbon isotopic composition of n-alkanes[J]. Organic Geochemistry, 36(3): 363-370.

MEI X, LI R, ZHANG X, et al., 2019. Reconstruction of phytoplankton productivity and community structure in the South Yellow Sea[J]. China Geology, 2(3): 315-324.

MEYBECK M, 1998. The IGBP water group: a response to a growing global concern [J]. Global Change Newsletters, 36: 8-12.

MEYERS P A, ISHIWATARI R, 1993. Lacustrine organic geochemistry:an overview of indicators of organic matter sources and diagenesis in lake sediments [J]. Organic geochemistry, 20(7): 867-900.

MILLIMAN J D, HUANG T S, ZUO S Y, et al., 1985. Transport and deposition of river sediment in the Changjiang estuary and adjacent continental shelf[J]. Continental Shelf Research, 4(1/2): 37-45.

MILLIMAN J D, QINCHUN X, ZUOSHENG Y, 1984. Transfer of particulate organic carbon and nitrogen from the Yangtze River to the ocean[J]. American Journal of Science, 284(7): 824-834.

MINOBE S, 1997. A 50-70 year climatic oscillation over the North Pacific and North America[J]. Geophysical Research Letters, 24(6): 683-686.

MOLLENHAUER G, INTHORN M, VOGT T, et al., 2007. Aging of marine organic matter during cross-shelf lateral transport in the Benguela upwelling system revealed by compound-specific radiocarbon dating[J]. Geochemistry, Geophysics, Geosystems, 8 (9): 1-16.

MORGUNOVA I P, IVANOV V N, LITVINENKO I V, et al., 2012. Geochemistry of organic matter in bottom sediments of the Ashadze hydrothermal field[J]. Oceanology, 52: 345-353.

MÜLLER P J, 1977. C/N ratios in Pacific deep-sea sediments: effect of inorganic ammonium and organic nitrogen compounds sorbed by clays [J]. Geochimica et Cosmochimica Acta, 41(6): 765-776.

NAAFS B D A, GALLEGO-SALA A V, INGLIS G N, et al., 2017. Refining the global branched glycerol dialkyl glycerol tetraether (brGDGT) soil temperature calibration [J]. Organic Geochemistry, 106: 48-56.

NECHAD B, RUDDICK K G, PARK Y, 2010. Calibration and validation of a generic multisensor algorithm for mapping of total suspended matter in turbid waters[J]. Remote Sensing of Environment, 114(4): 854-866.

NICHOLS P D, LEEMING R, RAYNER M S, et al., 1996. Use of capillary gas chromatography for measuring fecal-derived sterols application to stormwater, the sea-surface microlayer, beach greases, regional studies, and distinguishing algal blooms and human and non-human sources of sewage pollution[J]. Journal of Chromatography A, 733 (1): 497-509.

NILSSON C, REIDY C A, DYNESIUS M, et al., 2005. Fragmentation and flow regulation of the world's large river systems[J]. Science, 308(5720): 405-408.

NIXON S W, 1995. Coastal marine eutrophication: a definition, social causes, and future concerns[J]. Ophelia, 41(1): 199-219.

PANCOST R D, BOOT C S, 2004. The palaeoclimatic utility of terrestrial biomarkers in marine sediments[J]. Marine Chemistry, 92(1-4): 239-261.

PARK T, JANG C J, KWON M, et al., 2015. An effect of ENSO on summer surface salinity in the Yellow and East China Seas[J]. Journal of Marine Systems, 141: 122-127.

PEDROSA-PÀMIES R, CONTE M H, WEBER J C, et al. , 2018. Carbon cycling in the Sargasso Sea water column: insights from lipid biomarkers in suspended particles[J]. Progress in Oceanography, 168: 248-278.

PETERS K E, PETERS K E, WALTERS C C, et al. , 2005. The biomarker guide [M]. Cambridge:Cambridge University Press.

PETERSON B J, HOWARTH R W, 1987. Sulfur, carbon, and nitrogen isotopes used to trace organic matter flow in the salt-marsh estuaries of Sapelo Island, Georgia 1[J]. Limnology and oceanography, 32(6): 1195-1213.

POERSCHMANN J, KOSCHORRECK M, GÓRECKI T, 2017. Organic matter in sediment layers of an acidic mining lake as assessed by lipid analysis. Part Ⅱ: Neutral lipids [J]. Science of The Total Environment, 578: 219-227.

RAMPEN S W, SCHOUTEN S, SINNINGHE DAMSTÉ J S, 2011. Occurrence of long chain 1,14-diols in Apedinella radians[J]. Organic Geochemistry, 42(5): 572-574.

RAMPEN S W, SCHOUTEN S, WAKEHAM S G, et al. , 2007. Seasonal and spatial variation in the sources and fluxes of long chain diols and mid-chain hydroxy methyl alkanoates in the Arabian Sea[J]. Organic Geochemistry, 38(2): 165-179.

RAMPEN S W, WILLMOTT V, KIM J H, et al. , 2012. Long chain 1,13- and 1,15-diols as a potential proxy for palaeotemperature reconstruction [J]. Geochimica et Cosmochimica Acta, 84: 204-216.

RAMPEN S W, WILLMOTT V, KIM J H, et al. , 2014. Evaluation of long chain 1, 14-alkyl diols in marine sediments as indicators for upwelling and temperature[J]. Organic Geochemistry, 76: 39-47.

REEVES A D, PATTON D, 2001. Measuring change in sterol input to estuarine sediments[J]. Physics and Chemistry of the Earth, Part B: Hydrology, Oceans and Atmosphere, 26(9): 753-757.

RESMI P, GIREESHKUMAR T R, RATHEESH-KUMAR C S, et al. , 2022. Triterpenoids and fatty alcohols as indicators of mangrove derived organic matter in Northern Kerala Coast, India[J]. Environmental Forensics, 23(3/4): 280-292.

RICE D L , HANSON R B, 1984. A kinetic model for detritus nitrogen: role of the associated bacteria in nitrogen accumulation[J]. Bulletin of Marine Science, 35(3):326-340.

RIELLEY G, COLLIER R J, JONES D M, et al. , 1991. The biogeochemistry of Ellesmere Lake, U. K.-I: source correlation of leaf wax inputs to the sedimentary lipid record[J]. Organic Geochemistry, 17(6): 901-912.

RYAN N J, MITROVIC S M, BOWLING L C, 2008. Temporal and spatial variability in the phytoplankton community of Myall Lakes, Australia, and influences of salinity[J]. Hydrobiologia, 608(1): 69-86.

SASAI Y, SMITH S L, SISWANTO E, et al. , 2022. Physiological flexibility of phytoplankton impacts modelled chlorophyll and primary production across the North Pacific Ocean[J]. Biogeosciences, 19(20): 4865-4882.

SCHOUTEN S, HOPMANS E C, SINNINGHE-DAMSTÉ J S, 2013. The organic geochemistry of glycerol dialkyl glycerol tetraether lipids: a review [J]. Organic Geochemistry, 54: 19-61.

SCHUBERT C J, CALVERT S E, 2001. Nitrogen and carbon isotopic composition of marine and terrestrial organic matter in Arctic Ocean sediments: implications for nutrient utilization and organic matter composition[J]. Deep Sea Research Part I: Oceanographic Research Papers, 48(3): 789-810.

SCHUBERT C J, VILLANUEVA J, CALVERT S E, et al., 1998. Stable phytoplankton community structure in the Arabian Sea over the past 200,000 years[J]. Nature, 394(6693): 563-566.

SENGUPTA D, CHEN R, MEADOWS M E, et al., 2020. Gaining or losing ground? Tracking Asia's hunger for 'new' coastal land in the era of sea level rise[J]. Science of The Total Environment, 732: 139290.

SHAH S R, MOLLENHAUER G, OHKOUCHI N, et al., 2008. Origins of archaeal tetraether lipids in sediments: insights from radiocarbon analysis [J]. Geochimica et Cosmochimica Acta, 72(18): 4577-4594.

SHEN Z L, LI Z, MIAO H, 2012. An estimation on budget and control of phosphorus in the Changjiang River catchment[J]. Environmental Monitoring and Assessment, 184 (11): 6491-6505.

SHI S, XU Y, LI W, et al., 2022. Long-term response of an estuarine ecosystem to drastic nutrients changes in the Changjiang River during the last 59 years: a modeling perspective[J]. Frontiers in Marine Science, 9: 1012127.

SHINTANI T, YAMAMOTO M, CHEN M T, 2011. Paleoenvironmental changes in the northern South China Sea over the past 28,000years: a study of TEX_{86}-derived sea surface temperatures and terrestrial biomarkers[J]. Journal of Asian Earth Sciences, 40(6): 1221-1229.

SONG J, QU B, LI X, et al., 2018. Carbon sinks/sources in the Yellow and East China Seas:air-sea interface exchange, dissolution in seawater, and burial in sediments[J]. Science China Earth Sciences, 61(11): 1583-1593.

SUN M Y, WAKEHAM S G, 1994. Molecular evidence for degradation and preservation of organic matter in the anoxic Black Sea Basin [J]. Geochimica et Cosmochimica Acta, 58(16): 3395-3406.

SUN Y, DONG C, HE Y, et al., 2016. Seasonal and interannual variability in the wind-driven upwelling along the southern East China sea coast[J]. IEEE Journal of Selected Topics in Applied Earth Observations and Remote Sensing, 9(11): 5151-5158.

SYVITSKI J P M, VÖRÖSMARTY C J, KETTNER A J, et al., 2005. Impact of humans on the flux of terrestrial sediment to the global coastal ocean[J]. science, 308 (5720): 376-380.

THORNTON S F, MCMANUS J, 1994. Application of organic carbon and nitrogen stable isotope and C/N ratios as source indicators of organic matter provenance in estuarine systems: evidence from the Tay Estuary, Scotland[J]. Estuarine, Coastal and Shelf Science, 38(3): 219-233.

TIAN R C, SICRE M A, SALIOT A, 1992. Aspects of the geochemistry of sedimentary sterols in the Chang Jiang estuary[J]. Organic Geochemistry, 18(6): 843-850.

TIERNEY J E, SCHOUTEN S, PITCHER A, et al., 2012. Core and intact polar glycerol dialkyl glycerol tetraethers (GDGTs) in Sand Pond, Warwick, Rhode Island (USA): insights into the origin of lacustrine GDGTs[J]. Geochimica et Cosmochimica Acta, 77: 561-581.

VACHULA R S, HUANG Y, LONGO W M, et al., 2019. Evidence of Ice Age humans in eastern Beringia suggests early migration to North America[J]. Quaternary Science Reviews, 205: 35-44.

VAN BREE L G J, PETERSE F, BAXTER A J, et al., 2020. Seasonal variability and sources of in situ brGDGT production in a permanently stratified African crater lake[J]. Biogeosciences, 17(21): 5443-5463.

VARGAS G, PANTOJA S, RUTLLANT J A, et al., 2007. Enhancement of coastal upwelling and interdecadal ENSO-like variability in the Peru-Chile Current since late 19th century[J]. Geophysical Research Letters, 34(13):L13607.

VERSTEEGH G J M, BOSCH H J, DE LEEUW J W, 1997. Potential palaeoenvironmental information of C_{24} to C_{36} mid-chain diols, keto-ols and mid-chain hydroxy fatty acids: a critical review[J]. Organic Geochemistry, 27(1): 1-13.

VERSTEEGH G J M, ZONNEVELD K A F, HEFTER J, et al., 2022. Performance of temperature and productivity proxies based on long-chain alkane-1, mid-chain diols at test: a 5-year sediment trap record from the Mauritanian upwelling[J]. Biogeosciences, 19 (5): 1587-1610.

VOLKMAN J K, BARRETT S M, BLACKBURN S I, 1999. Eustigmatophyte microalgae are potential sources of C_{29} sterols, C_{22}-C_{28} n-alcohols and C_{28}-C_{32} n-alkyl diols in freshwater environments[J]. Organic Geochemistry, 30(5): 307-318.

VOLKMAN J, 2003. Sterols in microorganisms [J]. Applied Microbiology and Biotechnology, 60(5): 495-506.

WAKEHAM S G, PETERSON M L, HEDGES J I, et al., 2002. Lipid biomarker fluxes in the Arabian Sea, with a comparison to the equatorial Pacific Ocean[J]. Deep Sea Research Part II: Topical Studies in Oceanography, 49(12): 2265-2301.

WALSH J J, 1991. Importance of continental margins in the marine biogeochemical cycling of carbon and nitrogen[J]. Nature, 350(6313): 53-55.

WANG B, 2006. Cultural eutrophication in the Changjiang (Yangtze River) plume: history and perspective[J]. Estuarine, Coastal and Shelf Science, 69(3-4): 471-477.

WANG B, WANG X, ZHAN R, 2003. Nutrient conditions in the Yellow Sea and the East China Sea[J]. Estuarine, Coastal and Shelf Science, 58(1): 127-136.

WANG Y, BI R, ZHANG J, et al., 2022. Phytoplankton distributions in the kuroshio-oyashio region of the Northwest Pacific Ocean: implications for marine ecology and carbon cycle[J]. Frontiers in Marine Science, 9: 865142.

WANG Y, LIU D, XIAO W, et al., 2021. Coastal eutrophication in China: trend, sources, and ecological effects[J]. Harmful Algae, 107: 102058.

WARD N D, KEIL R G, MEDEIROS P M, et al., 2013. Degradation of terrestrially derived macromolecules in the Amazon River[J]. Nature Geoscience, 6(7): 530-533.

WEI B, JIA G, HEFTER J, et al., 2020. Comparison of the UK'_{37}, LDI, TEX_{86}^H, and RI-OH temperature proxies in sediments from the northern shelf of the South China Sea[J]. Biogeosciences, 17(17): 4489-4508.

WEIJERS J W H, PANOTO E, VAN BLEIJSWIJK J, et al., 2009. Constraints on the Biological Source (s) of the Orphan Branched Tetraether Membrane Lipids [J]. Geomicrobiology Journal, 26(6): 402-414.

WEIJERS J W H, SCHEFUBE, KIM J H, et al., 2014. Constraints on the sources of branched tetraether membrane lipids in distal marine sediments[J]. Organic Geochemistry, 72: 14-22.

WEIJERS J W H, SCHOUTEN S, SPAARGAREN O C, et al., 2006. Occurrence and distribution of tetraether membrane lipids in soils: implications for the use of the TEX_{86} proxy and the BIT index[J]. Organic Geochemistry, 37(12): 1680-1693.

WOOSTER W S, ZHANG C I, 2004. Regime shifts in the North Pacific: early indications of the 1976—1977 event[J]. Progress in Oceanography, 60(2-4): 183-200.

WU Y, EGLINTON T, YANG L, et al., 2013. Spatial variability in the abundance, composition, and age of organic matter in surficial sediments of the East China Sea[J]. Journal of Geophysical Research: Biogeosciences, 118(4): 1495-1507.

WU Y, ZHANG J, LIU S M, et al., 2007. Sources and distribution of carbon within the Yangtze River system[J]. Estuarine, Coastal and Shelf Science, 71(1/2): 13-25.

XIAO W, LIU X, IRWIN A J, et al., 2018. Warming and eutrophication combine to restructure diatoms and dinoflagellates[J]. Water Research, 128: 206-216.

XIAO W, WANG Y, ZHOU S, et al., 2016. Ubiquitous production of branched glycerol dialkyl glycerol tetraethers (brGDGTs) in global marine environments: a new source indicator for brGDGTs[J]. Biogeosciences, 13(20): 5883-5894.

XIE W, YAN Y, HU J, et al., 2022. Ecological dynamics and co-occurrences among prokaryotes and microeukaryotes in a diatom bloom process in Xiangshan Bay, China[J]. Microbial Ecology, 84(3): 746-758.

XING L, ZHANG H, YUAN Z, et al., 2011b. Terrestrial and marine biomarker estimates of organic matter sources and distributions in surface sediments from the East China Sea shelf[J]. Continental Shelf Research, 31(10): 1106-1115.

XING L, ZHANG R, LIU Y, et al., 2011a. Biomarker records of phytoplankton productivity and community structure changes in the Japan Sea over the last 166 kyr[J]. Quaternary Science Reviews, 30(19-20): 2666-2675.

XING L, ZHAO M, ZHANG T, et al., 2016. Ecosystem responses to anthropogenic and natural forcing over the last 100 years in the coastal areas of the East China Sea[J]. The Holocene, 26(5): 669-677.

XU K, LI A, LIU J P, et al., 2012. Provenance, structure, and formation of the mud wedge along inner continental shelf of the East China Sea: a synthesis of the Yangtze dispersal system[J]. Marine Geology, 291: 176-191.

XU K, MILLIMAN J D, 2009. Seasonal variations of sediment discharge from the Yangtze River before and after impoundment of the Three Gorges Dam[J]. Geomorphology, 104(3/4): 276-283.

YAMAMURO M, KANAI Y, 2005. A 200-year record of natural and anthropogenic changes in water quality from coastal lagoon sediments of Lake Shinji, Japan[J]. Chemical Geology, 218(1/2): 51-61.

YANG G, ZHANG C L, XIE S, et al., 2013. Microbial glycerol dialkyl glycerol tetraethers from river water and soil near the Three Gorges Dam on the Yangtze River[J]. Organic Geochemistry, 56: 40-50.

YANG S L, BELKIN I M, BELKINA A I, et al., 2003. Delta response to decline in sediment supply from the Yangtze River: evidence of the recent four decades and expectations for the next half-century[J]. Estuarine, Coastal and Shelf Science, 57(4): 689-699.

YANG S L, MILLIMAN J D, LI P, et al., 2011. 50,000 dams later: erosion of the Yangtze River and its delta[J]. Global and Planetary Change, 75(1-2): 14-20.

YANG S, ZHAO Q, BELKIN I M, 2002. Temporal variation in the sediment load of the Yangtze River and the influences of human activities[J]. Journal of Hydrology, 263(1/4): 56-71.

YANG W F, CHEN M, LI G X J, et al., 2009. Relocation of the Yellow River as revealed by sedimentary isotopic and elemental signals in the East China Sea[J]. Marine Pollution Bulletin, 58(6): 923-927.

YEDEMA Y W, SANGIORGI F, SLUIJS A, et al., 2023. The dispersal of fluvially discharged and marine, shelf-produced particulate organic matter in the northern Gulf of Mexico[J]. Biogeosciences, 20(3): 663-686.

YU Y, SONG J M, LI X G, et al., 2012. Geochemical records of decadal variations in terrestrial input and recent anthropogenic eutrophication in the Changjiang Estuary and its adjacent waters[J]. Applied Geochemistry, 27(8): 1556-1566.

YUE K, FORNARA D A, YANG W, et al., 2017. Effects of three global change drivers on terrestrial C : N : P stoichiometry: a global synthesis[J]. Global Change Biology, 23(6): 2450-2463.

ZELL C, KIM J H, DORHOUT D, et al., 2015. Sources and distributions of branched tetraether lipids and crenarchaeol along the Portuguese continental margin: implications for the BIT index[J]. Continental Shelf Research, 96: 34-44.

ZELL C, KIM J H, MOREIRA T P, et al., 2013. Disentangling the origins of branched tetraether lipids and crenarchaeol in the lower Amazon River: implications for GDGT-based proxies[J]. Limnology and Oceanography, 58(1): 343-353.

ZHANG J, WU Y, JENNERJAHN T C, et al., 2007. Distribution of organic matter in the Changjiang (Yangtze River) Estuary and their stable carbon and nitrogen isotopic ratios: implications for source discrimination and sedimentary dynamics [J]. Marine Chemistry, 106(1/2): 111-126.

ZHANG Y G, ZHANG C L, LIU X L, et al., 2011. Methane Index: a tetraether archaeal lipid biomarker indicator for detecting the instability of marine gas hydrates[J]. Earth and Planetary Science Letters, 307(3): 525-534.

ZHOU D, LIU YANG, FENG Y, et al., 2022. Absolute sea level changes along the coast of China from tide gauges, GNSS, and satellite altimetry[J]. Journal of Geophysical Research: Oceans, 127(9):1-14.

ZHOU M, SHEN Z, YU R, 2008. Responses of a coastal phytoplankton community to increased nutrient input from the Changjiang (Yangtze) River [J]. Continental Shelf Research, 28(12): 1483-1489.

ZHU C, WEIJERS J W H, WAGNER T, et al., 2011. Sources and distributions of tetraether lipids in surface sediments across a large river-dominated continental margin[J]. Organic Geochemistry, 42(4): 376-386.

ZHU X, JIA G, MAO S, et al., 2018. Sediment records of long chain alkyl diols in an upwelling area of the coastal northern South China Sea[J]. Organic Geochemistry, 121: 1-9.

ZHU Y, WANG T, MA J, 2016. Influence of internal decadal variability on the summer rainfall in eastern China as simulated by CCSM4[J]. Advances in Atmospheric Sciences, 33: 706-714.

ZHUKOVA N V, AIZDAICHER N A, 1995. Fatty acid composition of 15 species of marine microalgae[J]. Phytochemistry, 39:351-356.

附 录

本书采用以下公式计算各参数和指标。

名称	公式	
长链碳优势指数	$CPI_H = 1/2 (\Sigma C_{22\sim32(偶碳)} / \Sigma C_{21\sim35(奇碳)} + \Sigma C_{24\sim34(偶碳)} / \Sigma C_{21\sim35(奇碳)})$	(1)
水生植物贡献比	$Paq = (C_{23} + C_{25}) / (C_{23} + C_{25} + C_{29} + C_{31})$	(2)
长链正构烷烃平均链长	$ACL = \Sigma(n \times C_n) / \Sigma C_n$	(3)
陆/海源正构烷烃含量比	$\Sigma T / \Sigma M = \Sigma C_{22\sim35} / \Sigma C_{19\sim24}$	(4)
烷烃指数	$AI = C_{31} / (C_{29} + C_{31})$	(5)
优势正构烷烃之比	$TAR = (C_{27} + C_{29} + C_{31}) / C_{19}$	(6)
奇偶优势指数	$OEP = (C_{27} + 6 \times C_{29} + C_{31}) / (4 \times C_{28} + 4 \times C_{30})$	(7)
长链碳优势指数	$CPI_H = 1/2 (\Sigma C_{20\sim28(偶碳)} / \Sigma C_{21\sim29(奇碳)} + \Sigma C_{22\sim30(偶碳)} / \Sigma C_{21\sim29(奇碳)})$	(8)
长/短链脂肪酸含量比	$H/L = \Sigma C_{21\sim34} / \Sigma C_{14\sim20}$	(9)
优势脂肪酸之比	$TAR = (C_{24} + C_{26} + C_{28}) / (C_{14} + C_{16} + C_{18})$	(10)
	$BIT = \dfrac{[GDGT\text{-}Ia] + [GDGT\text{-}IIa] + [GDGT\text{-}IIIa]}{[GDGT\text{-}Ia] + [GDGT\text{-}IIa] + [GDGT\text{-}IIIa] + [Cren]}$	(11)
	$\# rings_{tetra} = \dfrac{[GDGT\text{-}Ib] + 2 \times [GDGT\text{-}Ic]}{[GDGT\text{-}Ia] + [GDGT\text{-}Ib] + [GDGT\text{-}Ic]}$	(12)
	$DC = \dfrac{[GDGT\text{-}Ib] + [GDGT\text{-}IIb]}{[GDGT\text{-}Ia] + [GDGT\text{-}Ib] + [GDGT\text{-}IIa] + [GDGT\text{-}IIb]}$	(13)
	$R_1 = \dfrac{GDGT\text{-}0}{Crenarcchaeol}$	(14)
	$MI = \dfrac{[GDGT\text{-}1] + [GDGT\text{-}2] + [GDGT\text{-}3]}{[GDGT\text{-}1] + [GDGT\text{-}2] + [GDGT\text{-}3] + [Cren] + [Cren']}$	(15)
	$LDI\text{-}SST = \dfrac{C_{30} 1,15\text{-}diol}{C_{28} 1,13\text{-}diol + C_{30} 1,13\text{-}diol + C_{30} 1,15\text{-}diol}$	(16)
	$LDI = 0.033 \times SST + 0.095, R^2 = 0.97, n = 162$	(17)
	$Diol\ Index(DI) = \dfrac{C_{28} + C_{30} 1,14\text{-}diol}{(C_{28} + C_{30} 1,14\text{-}diol) + (C_{28} + C_{30} 1,13\text{-}diol)}$	(18)